U0054447

Rice
Baking
米烘焙

推薦序 I

【FOREWORD I】

저는 cakendeco 공방이랑 ICDA 협회같이 운영하고있는박경란입니다 . 우리 공방은 여러가지종류레시피를 개발하고 수업하고있고 . 앙금레이스 특허등록 , 초콜릿크림플라워 최초개발 , 클레이크림플라워 레시피 개발 , 캔들크림플라워개발 , Fresh buttercream flower 개발 , 앙금플라워클래스등등 , 클래스있습니다

책 제목이 벌써 맛있다. 어디선가 달콤한 냄새가 나는 듯. 쌀로 만들어서 어른 뿐만아니라 우리 아이들에게 안심하고 먹을수 있는 케이크. 쌀로 만드는 케이크라 소화도 잘 되고 더군다나 맛있기까지하다.

그녀의 케이크는 미소다 . 먹으며 미소짓게하는 케이크 . 이 책을 보며 만든 , 건강한 쌀 케이크를 내 아이와 그리고 사랑하는 이들과 먹으며 미소짓는 이들을 상상해본다 . 상상만으로 행복하지 않은가 .

그녀와의 첫 만남은 1 년전으로 내가 하는 초콜릿 플라워 클래스에서였는데 . 밝은 미소를 지닌 그녀는 배움에 적극적이었으며 , 제과 , 제빵 , 캔들등 각종 공예까지 다 방면으로 섭렵했을 뿐 아니라 특히 쌀베이킹에서는 타의 추종을 불허했다 .

학생들에게 가르칠때에는 더욱 그 진가를 발휘해 학생들의 궁금증을 하나하나 다 해소해주기 위해 모든 열정을 다 쏟아붓곤했다 . 친절하게 배움에 가려움을 긁어줄줄 아는 선생님 . 그렇기에 이번 책이 더욱 기대가 되는 이유이기도하다 . 쌀베이킹 , (케이크) , (타르트) , (쿠키) 등 평소 만들고 싶었던 웬만한 쌀 베이커리는 이 책 안에 다 들어있다 .

초보자에게는 비장의 교본으로 . 전문가에게는 새로운 노하우를 . 오래토록 함께할수 있는 책 ! 쌀 케이크를 처음 접하는 초보자에서 부터 전문가에 이르기까지 모두에게 유용한 쌀 베이킹 교본으로 오래도록 함께하는 친구 같은 책이 될 것이다 .

大家好，我是 cakendeco 教室及 ICDA 協會會長朴京蘭，我們教室長久以來致力於研發各種配方並授課，其中包含豆沙蕾絲專利登錄、巧克力裱花最早研發者、奶油土裱花配方研發、蠟燭裱花研發、鮮奶油裱花研發、豆沙裱花課程等等。

光看到書名就已經覺得美味，彷彿從遠處開始傳來香甜的氣息。用米做的點心，不只是大人連小孩們也可以安心享用，因為用米製作，腸道就更好消化，甚至兼具美味。

她的蛋糕就是微笑，吃了會讓人感到幸福並會心一笑的蛋糕。照著食譜製作蛋糕，我已經想像到孩子們邊吃邊微笑的模樣。只是想像也覺得幸福。

與她的第一次見面是在一年前我的巧克力擠花課程，擁有明亮微笑的她，在學習上非常積極，不止在西點烘焙、麵包，甚至蠟燭各種工藝課程多方面都有涉獵，特別在米烘焙方面更是無人可及。

不只是學習，在教導學生方面也是非常熱情又認真的為學生一一解惑，能在學習時，為求知若渴的學生親切的解答，所以更是成為期待這本食譜書的理由，米烘焙（蛋糕），（塔），（餅乾）等，平時可以在家簡單操作的配方，在這本書中幾乎都包含在內。

對於初學者來說，可以當作收藏的參考書，對於專業人士，可以當作新的知識，是本可以永久珍藏的好書！第一次接觸米蛋糕的初學者，或是烘焙老手，這本書都是很值得收藏的好讀物。

ICDA 國際蛋糕裝飾協會會長

推薦序 II

【FOREWORD II】

臺灣最近這幾年隨著韓劇的流行，吹起韓國風，許多韓國美食在臺灣也大行其道，例如：韓國米蛋糕及琳瑯滿目的韓式甜點，種類眾多讓人目不暇給，使得臺灣的甜點市場，帶動一股韓式新風潮。

個性溫柔婉約的秀瑜老師，不僅韓文說得非常流利，還經常往來韓國臺灣之間，勤奮學習各式各樣的韓國甜點。手藝精湛的她，也獲得很多張韓國教育單位頒發的教師證，是一位非常優秀的韓式甜點老師。所以得知秀瑜老師要出書，身為好朋友的我超級開心，秀瑜老師有樂於助人的個性，能將所學及心得和創意跟大家分享，這是廣大讀者們的福音哦！

這本書裡，用米為主原料，書中從米的類別、如何挑選談起，再設計出：米戚風蛋糕、米海綿蛋糕、米磅蛋糕、米蛋糕捲、米點心、米鹹塔、米餅乾、米麵包和米的乳酪蛋糕，全部都加入了韓國流行的甜點元素，每一款都能讓讀者輕鬆上手，快樂學習做韓國甜點。

在書中的 50 道甜點裡，特別是：紅酒無花果磅蛋糕、焦糖蛋糕捲、莓果塔、紅酒桂圓麵包還有南瓜乳酪蛋糕，這幾道別具特色，濃濃的韓國風情，不甜不膩又少油的健康配方，符合 DIY 族群的喜好，是一本很棒的食譜書。

現在，就讓我們跟著作者，一起進入彩色繽紛的韓式甜點世界，一起來學習製作美味的韓式米甜點吧！

知名烘焙教師及作者

推薦序 III

FOREWORD III

「甜點」是許多人舒壓的聖品，但對麩質過敏的朋友而言卻是夢魘，無福消受。

幾年前我在韓國初次接觸到米蛋糕時，直覺它就是臺灣夜市裡賣的狀元糕呀！而且蛋糕最佳享味期只有一天，這反讓我吃得很有壓力。

秀瑜，投入烘焙工作很多年了，最近幾年更因為她會講韓語而開始她的斜槓翻譯人生，經常與朋友往返韓國學習。去年再次遇到秀瑜時，她提及現在的米蛋糕已改良許多，不論是口感，口味都已非常美味，更重要的是她不斷地用臺灣在地食材實驗試作，解決買不到韓國食材的困擾。

太棒了！現在不用再擔心麩質過敏的問題，讓我們盡情享用這美味的甜點吧！

糖藝術工房藝術總監

吳薫貽

推薦序 IV

FOREWORD IV

認識秀瑜老師的緣份來自於數年前，當時我們是一起學習蛋糕裝飾的同學；學習完成後，我們一直在同業及烘焙界保持著亦師亦友的關係，彼此交流知識及切磋技術。

兩年前，因著秀瑜老師良好的韓語能力及對韓國文化的了解，開啟了我跟著她一起赴韓國進修的契機；從法式點心、工藝蠟燭到米甜點等，秀瑜老師帶領著我及許多有共同興趣的朋友們一起在廣泛的領域中獲益匪淺。

秀瑜老師一直是一個非常執著、謹慎及自我要求嚴格的人，尤其在烘焙的材料及配方上，不單純只從韓國的學習中成長，也不斷的自己鑽研及試作出不同的品項。

在米甜點的領域裡，秀瑜老師除了協助一起上課的學員學習並取得韓國米蛋糕協會的證書，她自己更是努力不懈的在該領域中，除了完成體制內的證書課程，也從學習到教學、從教學到研發；這過程的辛苦其實只有同為在烘焙業販售產品及教學的人能夠深刻體會。

這本書的出版，是集結了長久的學習及不知幾回的失敗才能得來的成果。相信對於不論是新手、老手；不論是對麩質過敏、或單純的想學習不同成份甜點的人而言，都能成為最好的工具書。

創意烘焙產品銷售及教學工作者

Walter 維凡

作者序

PREFACE

因為非本科系加上對烘焙的熱愛，堅持地學習烘焙到現在，從一開始麵包做完硬得像石頭，做蛋糕有時候看不出是蛋糕……，朋友吃到怕，到現在朋友們都愛不釋手，只要有成品就會被秒殺分完。學習的路上得到很多老師們耐心教導以及很多姐姐們的幫助，真的真的非常感謝。因緣際會下開始學習韓文，進而利用所長到韓國進修烘焙課程，還記得第一次到韓國接觸到米製作的蛋糕，真的是滿滿的驚訝，口感和麵粉製作的無異，甚至更好消化，於是就開啟了我學習及研發米蛋糕的旅程。

在韓國社會一直以來有著所謂的「宴會文化」，在小孩周歲宴或長輩的壽宴，一定要出現的就是米蛋糕，又稱年糕；除此之外，只要家有喜事，韓國人就會贈送年糕給親朋好友，類似臺灣習俗中入遷新居要請吃湯圓一樣。

隨著時代演變，現代人不僅要求外在美觀，也要求內在美味，又想要遵循舊有的文化，所以漸漸有了各式各樣的米蛋糕產品出現，加上現在對麩質過敏的人愈來愈多，所以米蛋糕文化益加盛行。

臺灣也是以米食為主的國家，且品質在世界首屈一指，有相當多的米製糕點，將在韓國所學的多樣米甜點運用臺灣米來製作，並創新各種不同的米甜點，雖然因為米種不同有些微差異，但美味不減，還更健康。

這本書的誕生我想要感謝一路無限支持我的媽媽與姐姐，還有耐心教導我很多的老師們：麥田金老師、吳薰貽老師、陳郁芬老師，韓國米蛋糕協會（IRDA）會長천유화（千柳花）還有천유경（千柳景）老師，以及 ICDA 協會會長박경란（朴京蘭）老師還有常常鼓勵、肯定我的최은화（崔銀花）老師、慧玲姐、慧貞姐、玫伶、昭伶、秀梅、維尼，以及拍攝時給予我很多協助的小幫手欣怡、Kiki，謝謝大家時常鼎力相助與鼓勵，最後還要感謝在天上的爸爸，在天上時時地守護著我。

항상옆에서 응원해주셔서 감사합니다

個人經歷

- Romantic mass 工作室執行長
- IRDA 米蛋糕協會米烘焙臺灣講師
- IRDA 米蛋糕協會鮮奶油抹面臺灣講師
- KFA 擠花講師
- KCCA 講師
- KHHA 講師
- KAIA 講師

table of Contents 目錄

米烘焙的基本

戚風及海綿蛋糕

海綿蛋糕

CAKE ROLL

章節三

蛋糕捲

磅蛋糕

CHEESECAKE

章節五

乳酪蛋糕

- TARTS -

章節六

塔類

- BREAD -

章節七

麵包

- DESSERT -

章節八

點心

工具材料介紹

SECTION 01 基本工具

瓦斯爐

煮材料時使用。

烤箱

烘烤蛋糕、塔皮等材料使用。

鬆餅機

用於製作鬆餅。

食物調理機

將材料打碎或打勻。

桌上型攪拌器

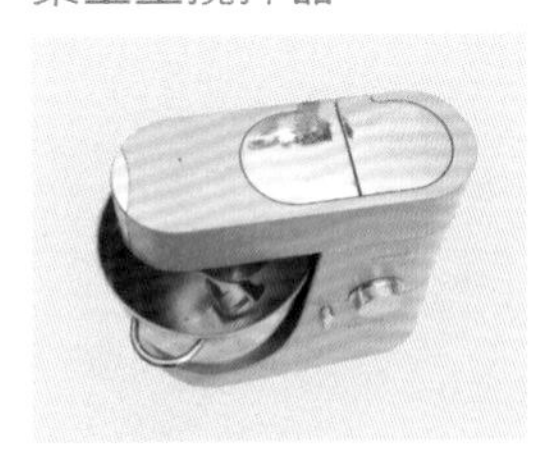

將各類材料攪拌均勻或是打發。

電動打蛋器

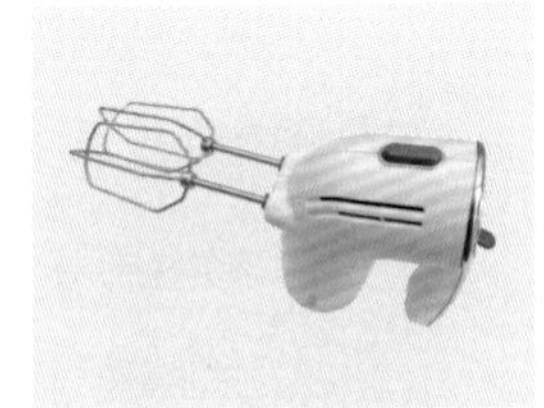

將各類材料攪拌均勻或是打發。

打蛋器

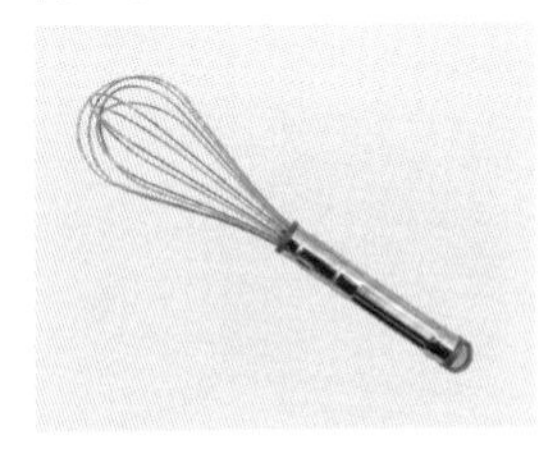

將各類材料攪拌均勻或是打發。

長尺

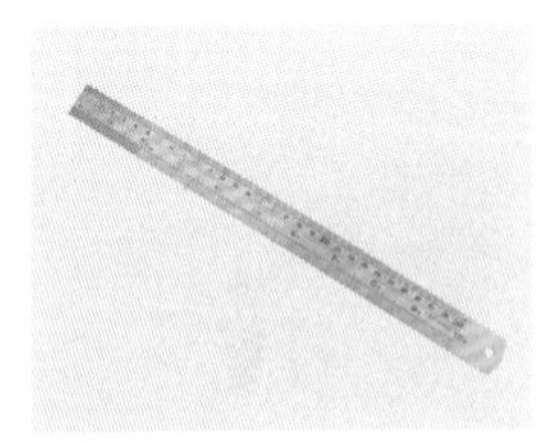

測量長度或捲蛋糕時使用。

擀麵棍

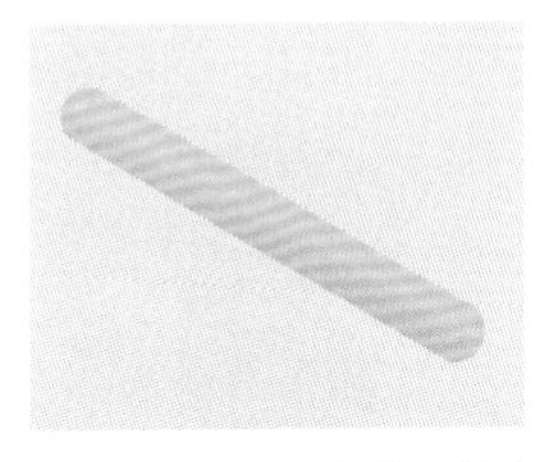

將材料整形或擀平材料。

刮刀

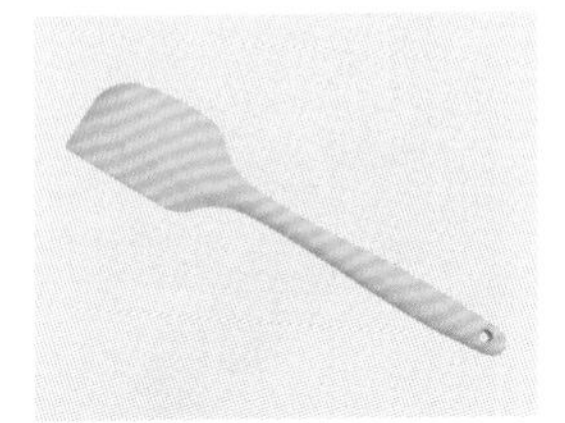

攪拌或將鋼盆上糊狀材料刮下時使用。

刮板

切割麵團或切拌粉狀材料。

蛋糕鏟

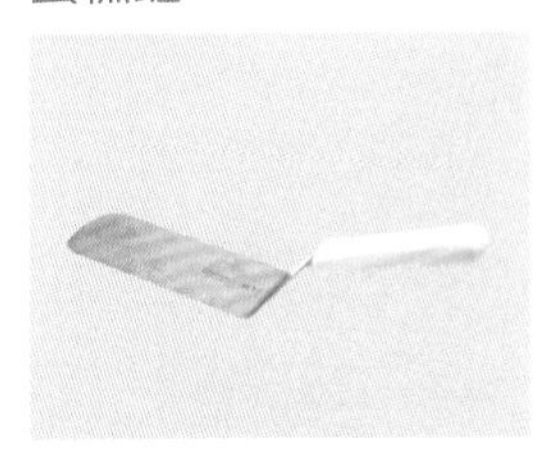

切割或取出塔、蛋糕等成品的輔助工具。

L 型抹刀

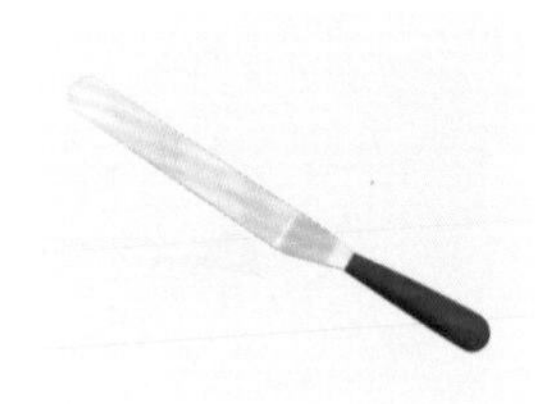

在蛋糕表面上塗抹餡料，使表面更平整。

抹刀

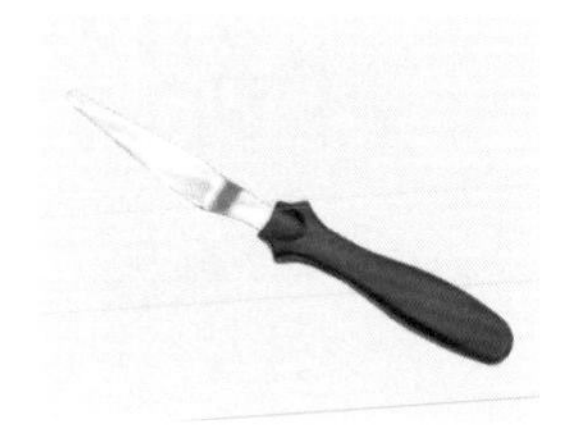

在蛋糕表面上塗抹餡料，使表面更平整。

脫模刀

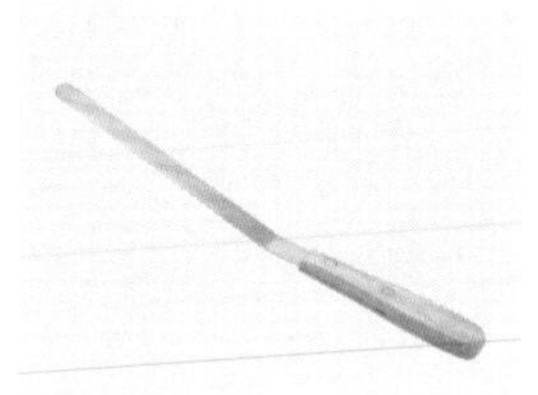

可輔助將蛋糕脫模。

鋸齒麵包刀

分切麵包。

烘焙紙

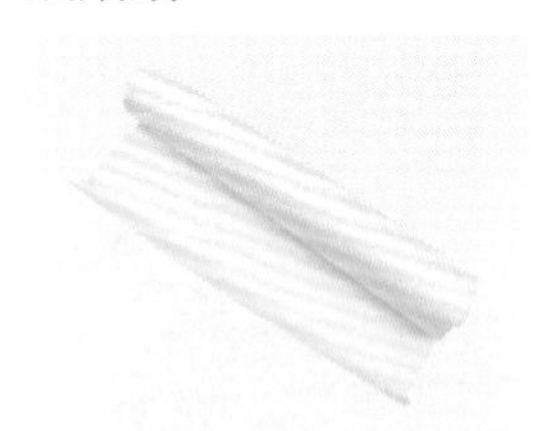

放在烤盤上，可防止材料沾黏。

烘焙布

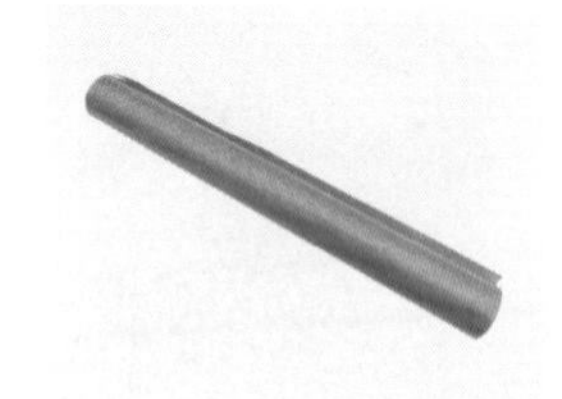

放在烤盤上，可防止材料沾黏。

油力士蛋糕紙

放在烤模上，可防止材料沾黏。

鋼盆

盛裝各式粉類或材料。

厚底單柄鍋

盛裝及烹飪食物。

平底鍋

盛裝及烹飪食物。

烤盤

烘烤時使用，盛裝半成品的器皿。

篩網

過篩粉類，使粉類變細緻。

電子秤

秤材料重量。

筆式溫度計

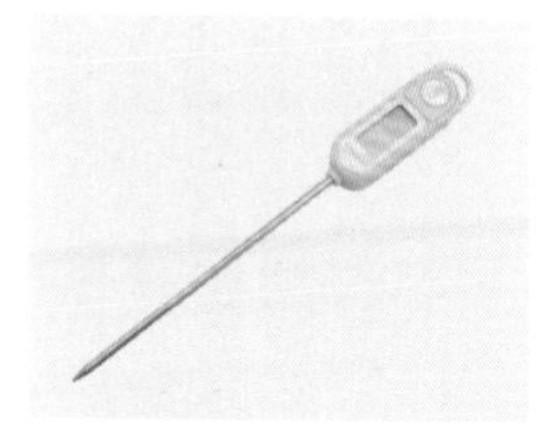

測量溫度。

紅外線溫度計

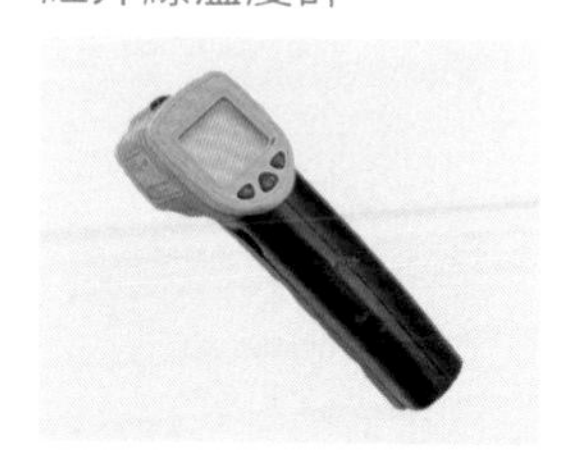

測量溫度。

綁線

固定蛋糕捲。

矽膠刷

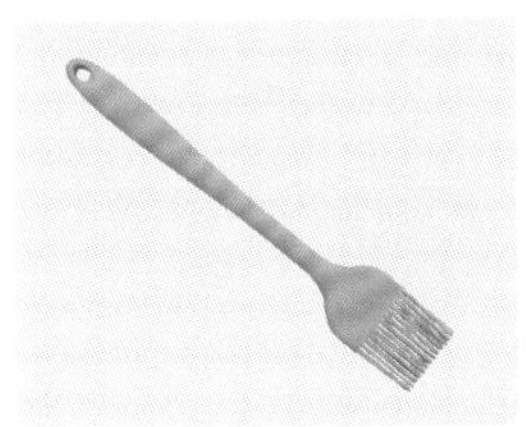

在塔皮表面刷蛋黃液時使用。

刨刀器

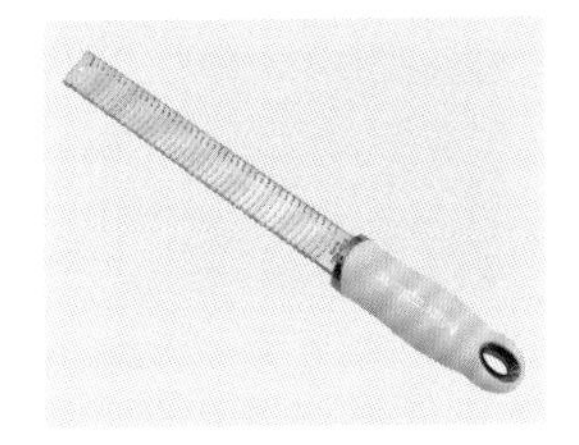

刨出細碎的水果表皮，如：檸檬皮。

水果刀

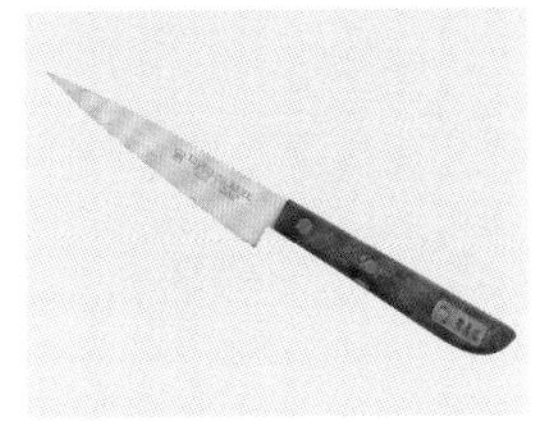

分切材料。

刀子

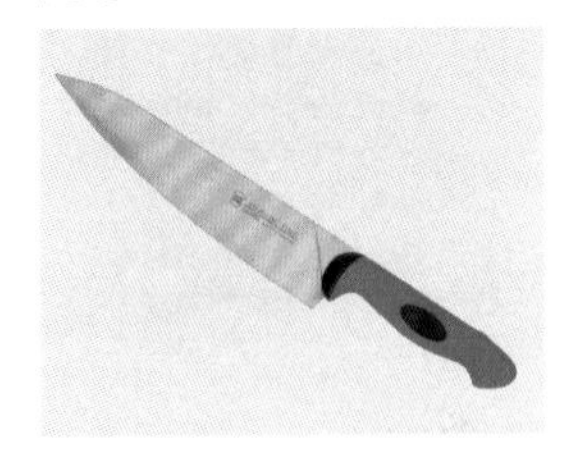

分切材料。

剪刀

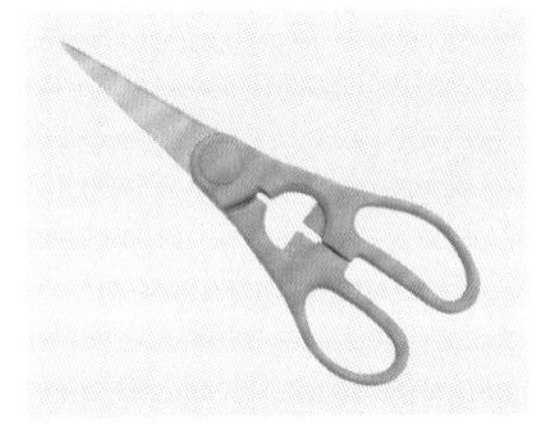

將材料切割或剪開時使用，如：擠花袋。

噴火槍

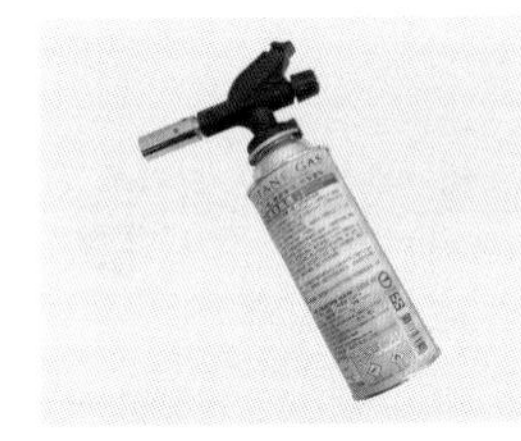

將食材烤出色澤。

保鮮膜

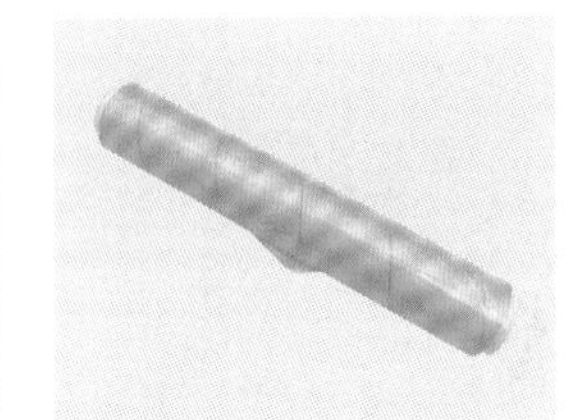

用於保存食材，隔絕空氣。

隔熱手套

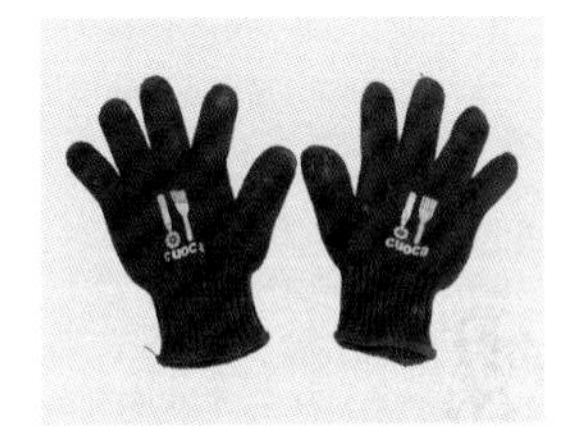

取出烤盤時須配戴，以防止手燙傷。

噴霧罐

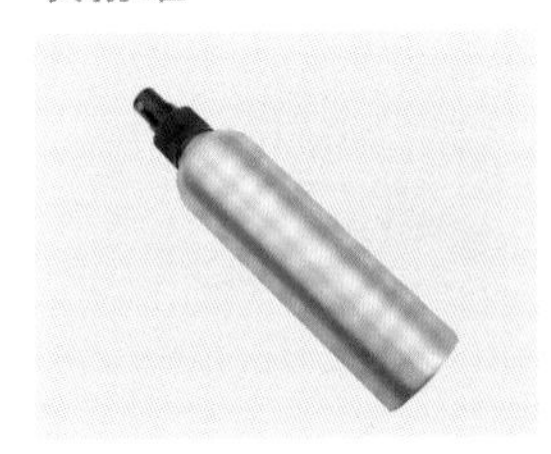

麵團發酵前，裝水噴灑時使用。

花嘴

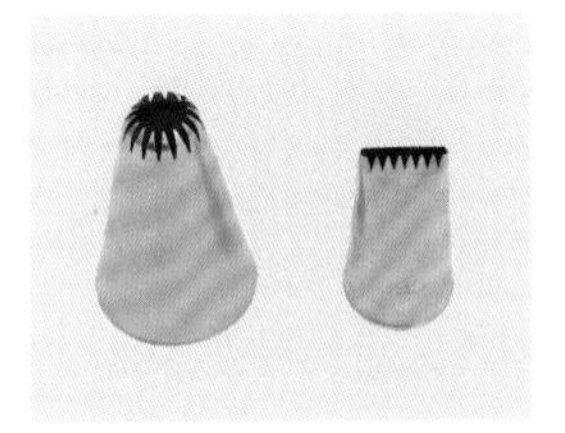

將材料擠出所須的形狀時使用的輔助工具。

擠花袋

盛裝糊類材料時使用。

塑膠袋

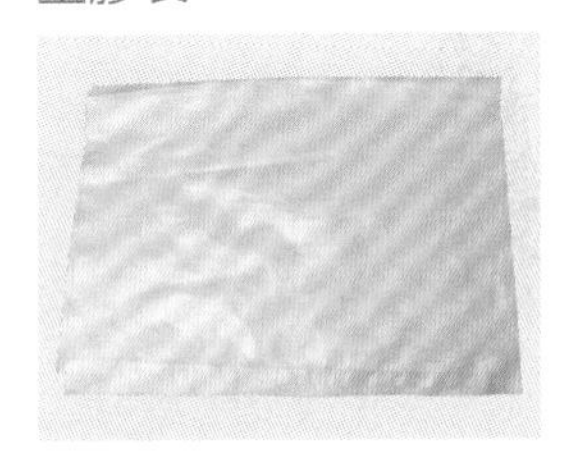

盛裝麵團。

湯匙

用於壓平乳酪蛋糕餅底。

玻璃碗

微波時，可更換玻璃碗。

水彩筆

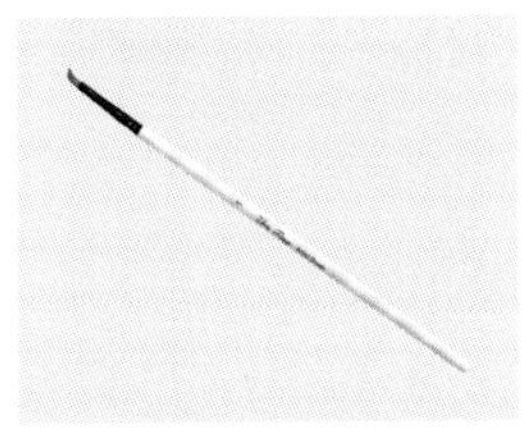

裝飾蛋糕表面的金箔時使用。

鋁箔紙

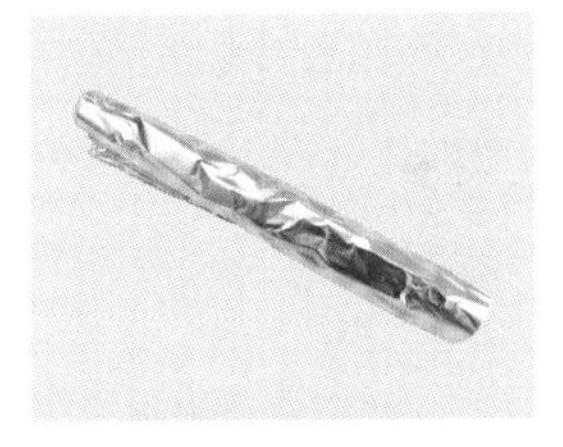

隔離重石和麵糊。

重石

在烘烤時，可壓在塔皮上方，使塔皮不會過度膨脹。

OPP 塑膠紙

整型麵團時使用，避免沾黏。

微波爐

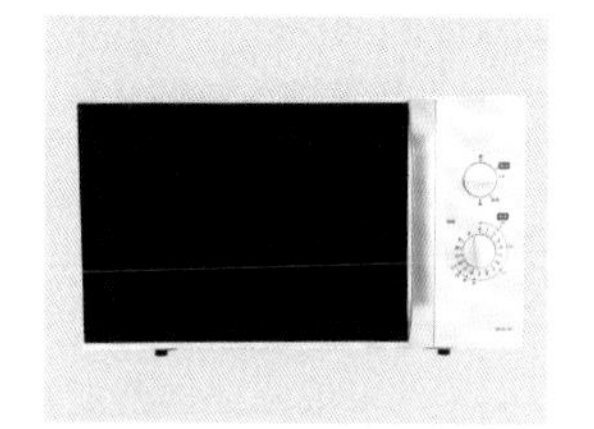

加熱材料時使用。

筷子

攪拌戚風蛋糕麵糊，以免蛋糕中間產生孔洞。

SECTION 02 模具介紹

6 吋圓形烤模

6 吋活動蛋糕模

戚風蛋糕模

慕斯模（9 cm）

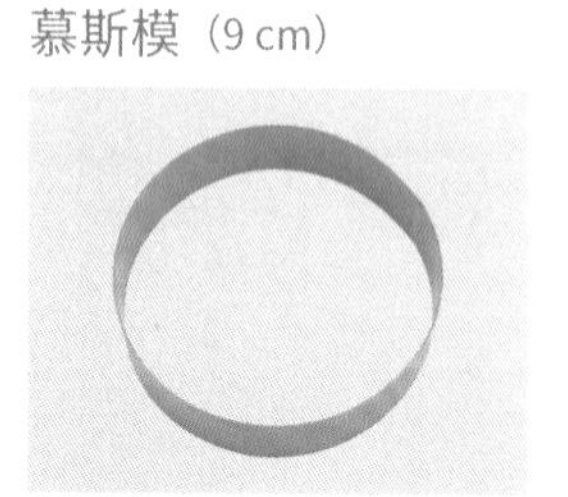

塔圈（6 cm）

菊花塔模（9cm）

菊花塔模（7.5cm）

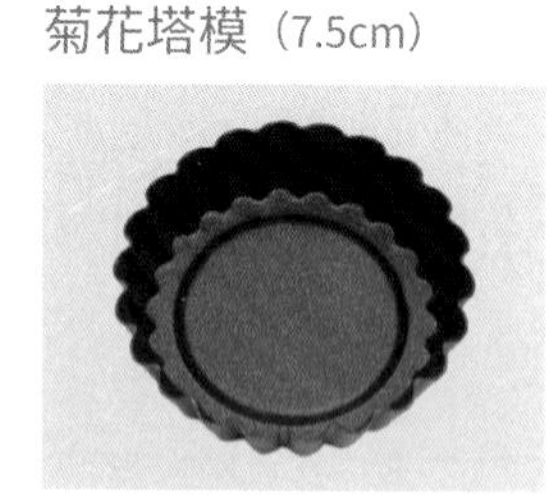

馬芬烤盤

方型烤盤（29×29cm）

九宮格烤盤

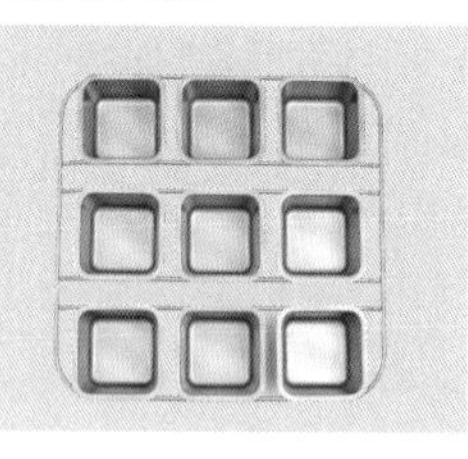
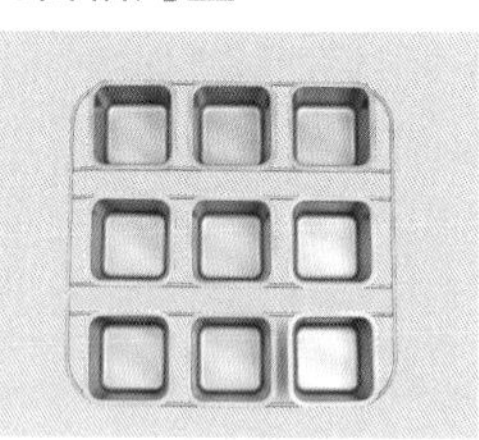

長方形烤模

鋁箔模型

橢圓形塔模（10.5×6.5×5cm）

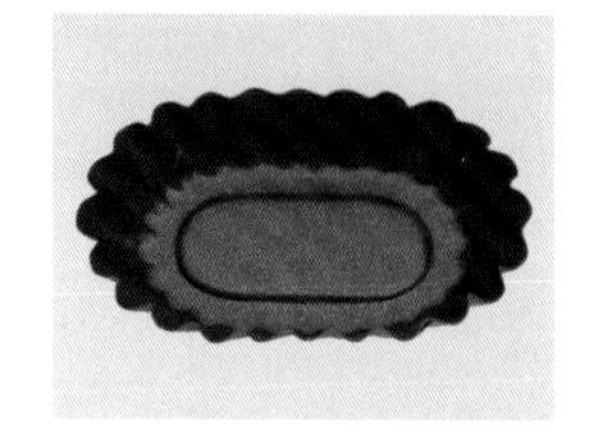

SECTION 03 材料使用清單

Column 01 粉類

米穀粉、強力米穀粉、泡打粉、抹茶粉、可可粉、芝麻粉、杏仁粉、肉桂粉、榛果粉、南瓜粉、糖粉、奶粉、即溶咖啡粉

Column 02 糖類

細砂糖、二號砂糖、玉米糖漿、蜂蜜、麥芽、黑糖、海藻糖

Column 03 醬類

沙拉醬、芝麻醬、藍莓醬、柳橙醬、草莓果泥、南瓜泥、紅櫻桃醬

Column 04 奶製品

動物性鮮奶油、牛奶、奶油、煉乳、酸奶、白乳酪、Padano cheese、奶油乳酪、無糖優格、高熔點乳酪丁、帕瑪森乳酪絲、披薩乳酪絲、帕瑪森乳酪、莫札瑞拉乳酪塊、馬斯卡彭乳酪

Column 05 巧克力

黑巧克力、55% 黑巧克力、70% 黑巧克力、可可殼、可可脆粒、巴芮脆片、草莓巧克力、白巧克力、牛奶巧克力

Column 06 酒類

咖啡酒、蘭姆酒、紅酒、橙酒、抹茶酒、白蘭地、櫻桃酒

Column 07 水果

蘋果、鳳梨、草莓、藍莓、香蕉、番茄、柚子、檸檬、柳橙

Column 08 其他材料

鹽、葡萄籽油、橄欖油、香草豆莢、肉桂棒、墨魚汁、咖啡液、紅茶包、吉利丁片、新鮮酵母、雞蛋、洋蔥、培根、蔥花、肉鬆、黑橄欖、墨西哥辣椒、甜椒、干貝、蝦、熱狗、羅勒、地瓜、南瓜丁、南瓜片、核桃、無花果乾、蔓越梅乾、草莓碎粒、鳳梨花、白芝麻、黑芝麻、桂圓肉、開心果碎

甜點與茶的搭配

甜點的作用，有中和茶的苦澀味、避免飲茶過程過於單調、填補茶帶來的輕微飢餓感，此外還有避免空腹喝茶造成心悸、頭昏、眼花、心煩等「茶醉」症狀和緩解濃茶傷胃等的效用。

說到搭配，就必須要先了解茶的特性，吃甜點想要配茶的理由，就在於「咖啡因」及「兒茶素」。「咖啡因」除了能提神，還可以緩解甜味。如果吃了很甜的東西，再喝含有咖啡因的茶以後，對甜會比較沒有感覺，而且咖啡因還有分解脂肪的效果，也可以減緩油膩感。

近年來研究發現，兒茶素具有超強抗氧化、抗癌能力。它可以協助體內清除不穩定的自由基，防止自由基攻擊細胞內的 DNA，預防基因突變、遺傳物質損傷，以達抗癌效果。另外，兒茶素也是很好的天然保護心血管的物質，避免血脂肪堆積，延緩低密度脂蛋白膽固醇，也就是俗稱的身體內的壞膽固醇氧化，減緩心血管疾病的發生率。

喝茶的好處多多，所以這也是近年來手搖飲料店林立的原因之一。

在茶點的搭配上，有幾種建議：

Column 01 紅茶

屬於全發酵茶，茶湯醇厚甘甜，搭配吃起來較有油膩感的乳酪蛋糕或乳製品含量較重的蛋糕，非常合適，兩者的搭配下調和了紅茶的苦澀味道，甜點也更加清爽。

Column 02 綠茶

綠茶鮮爽，有時口感會有些苦澀，可以搭配甜的點心。像日本的抹茶很苦，所以茶點通常都會很甜。屬於無發酵茶，適合搭配甜味較重的糕點，例如：綠豆糕，蛋黃酥等。

Column 03 烏龍茶

屬於不完全發酵茶，適合搭配堅果類或鹹味的點心、餐飲，例如：鹹蛋糕、鹹塔等。

Column 04 英國正統的伯爵茶

帶有淡淡的香氣，可以中和較甜膩的味道，例如：巧克力蛋糕。

Column 05 錫蘭紅茶

搭配帶有酸味的甜點超對味，又不會搶掉蛋糕本身的風味，讓甜點耐吃不膩口。

在悠閒的時光，親手做一份點心，泡一杯茶，也是非常好的休閒活動。

CHAPTER 01

米烘焙的基本

BASIC of RICE BAKING

ARTICLE 01

米穀粉的小知識

SECTION 01 米的類別

Column 01 **白米**

白米的主要成分為澱粉，即醣類，佔 75%，也含有膳食纖維、維生素 B 群、維生素 E、鈣、磷、鉀等營養素。其中的維生素 B1 可以幫助醣類代謝；維生素 E 則可抗氧化。

Column 02 **紫米**

紫米富含膳食纖維和微量元素，包含鐵、鈣、鋅、硒、鉀、磷還有維生素 B 群。

Column 03 **黑米**

黑米除了與上列米類相似的膳食纖維、微量元素等營養素之外，最重要的是還含有花青素。

Column 04 **糯米**

黏滑，常被用來製成風味小吃，糯米中含有蛋白質、脂肪、醣類、鈣、磷、鐵、維生素 B2、多量澱粉等營養成分。

SECTION 02 如何挑選適當的米

稻米的種類，依米的性質而分，通常分秈稻、稉稻、糯稻三種。

❶ 秈稻俗稱在來米，米粒多細而長，粒形扁平，黏性弱，脹性大，臺灣秈米，品質較硬。

❷ 稉稻俗名蓬萊米，米粒粗而短，黏性強，食味佳，品質較黏。

❸ 糯稻又可分秈糯（長糯米），稉糯（圓糯米），米粒形狀與稉米相近，其黏性較稉米更強，適用製糕餅、製酒。

而三種米製成米穀粉的產品須考量柔軟度、黏性、彈力性等因子，也會隨著不同的添加物因其特性會有所差異，根據各種米的性狀與製粉的相關性來探討對烘焙產品之影響，如何將米穀粉應用在西式烘焙點心食品製作中，米種的不同，除了特性，口感上也不太相同，所以在選擇粉類時，可以先思考一下想要的成品的口感，決定使用的種類。

SECTION 03 米穀粉介紹

目前市面上各種不同的「米」，是依據品種以及精緻程度來做區分。若以品種來看，米分為秈米（在來米）、粳米（蓬萊米）以及糯米，它們是依據吸水性、膨脹性、黏性來區分。秈米外型細長，透明度高，煮熟後較鬆且乾，多製成米製品，例如蘿蔔糕、粄條……等等；粳米看起來圓短又透明，特性介於秈米與糯米之間，在料理上為我們一般常吃的白米飯；糯米外型白色不透明狀，煮熟後較軟黏，則可作為粽子、甜點、湯圓等黏性較高的食品。

製作甜點時，最常使用的是粳米（蓬萊米）磨出來的米穀粉，其次是糯米及黑米、紅米、紫米等，除了市售的米穀粉，還可以在家自製溼式的米穀粉，溼式的米穀粉是韓國人用來自製蒸的米蛋糕或是年糕時，使用的米穀粉。

米穀粉因為無小麥蛋白，少了筋性，所以直接拿來製作麵包口感偏硬，解決的方法有幾種，可以利用湯種麵團來解決口感偏硬的問題，如果想要製作出像高筋麵粉筋性的麵團，就必須利用到小麥蛋白，在韓國有推出一款「強力米穀粉」是在一般的米穀粉內添加小麥蛋白，完成的麵包口感與高筋麵粉相同。

SECTION 04 關於強力米穀粉

米穀粉因為無小麥蛋白，少了筋性，所以直接拿來製作麵包口感偏硬，解決的方法有幾種，可以利用湯種麵團來解決口感偏硬的問題，如果想要製作出像高筋麵粉筋性的麵團，就必須利用到小麥蛋白，在韓國有推出一款「強力米穀粉」是在一般的米穀粉內添加小麥蛋白，完成的麵包口感與高筋麵粉相同。

SECTION 05 米穀粉的磨粉方式

Column 01 **乾磨**

直接將米磨粉，乾磨是使用磨粉機直接將米磨成細粉末，磨粉機械是影響受傷澱粉率高低的重要因素，往往乾磨出來的米穀粉損傷澱粉數值高，受傷澱粉產生是來自研磨時的熱及壓力，其吸水量比未受傷澱粉高，所以使用乾磨粉製作蛋糕時，相較水磨會更容易消泡。

Column 02 **溼磨**

溼磨又稱為水磨，是將米洗淨浸泡後，以磨漿機加水一起研磨成米漿，去水乾燥後就是水磨粉，由於大量水在研磨過程中的溼潤作用，使得受傷澱粉率低，水磨粉色澤白又微細，加工特性優良。

Column 03 **濕式氣流粉碎**

是將米洗淨浸泡軟化後，利用粉碎碰撞的方式粉碎米粒成粉粒，再利用熱風氣流乾燥成粉，此方法可以保留米的色澤與香氣，且澱粉損傷率最低。

市面上米穀粉種類眾多，適合用來製作西點蛋糕的有白米米穀粉、水磨蓬萊米粉、乾磨蓬萊米粉，差別在於各粉類的吸水力不同，本書是使用白米米穀粉製作，若是使用其他粉類製作，建議可以調高配方中的水量，較不會有易消泡或口感太乾的問題。

另外，所有以米穀粉製成的蛋糕都建議等到製作完成的第二天再食用，讓奶油和米穀粉能充分融合，熟成後嚐起來味道會較佳。若蛋糕有淋面，建議冷藏保存；若沒有淋面，則常溫保存即可。

SECTION 06 和傳統麵粉不同的地方

項目	成分	外觀	韌性	吸水力	吸油力	小麥蛋白
麵粉	小麥	偏黃	強	較弱	較佳	有
米穀粉	米	白	弱	較佳	較弱	無

ARTICLE 02

其他基礎操作

SECTION 01 裝花嘴方法

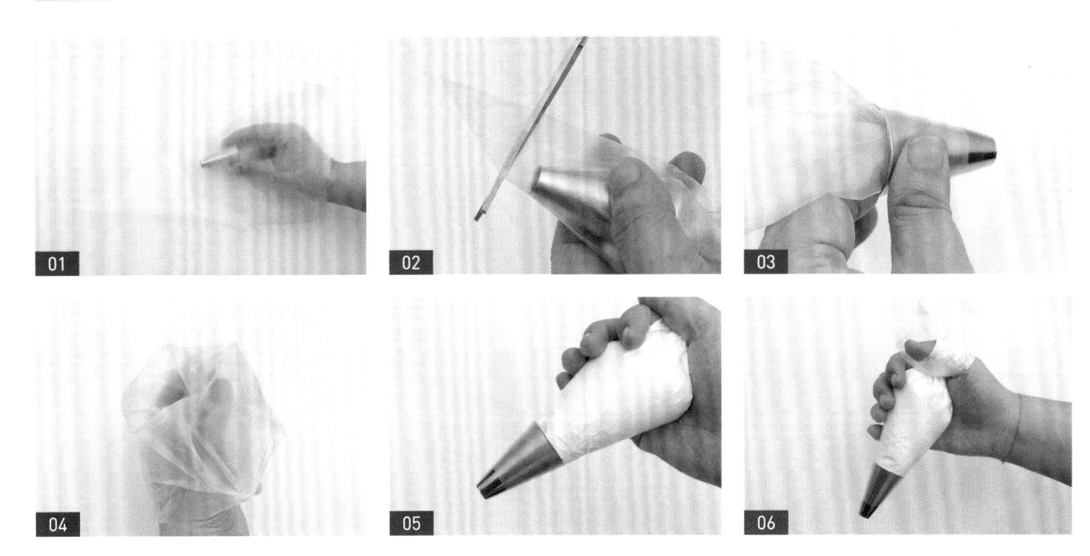

01 將花嘴放入擠花袋中。

02 以剪刀剪下尖端處。

03 將花嘴推出擠花袋尖端。

Tips. 可將擠花袋塞入擠花嘴尾端，使餡料不會溢出花嘴前端。

04 用手掌撐開擠花袋袋口。

05 先填入餡料後，再將餡料推至擠花袋尖端。

06 將擠花袋尾端繞大拇指一圈固定即可使用。

SECTION 02 分蛋方法

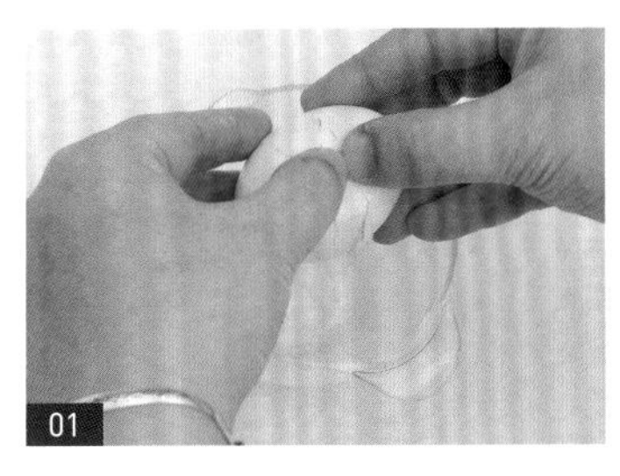

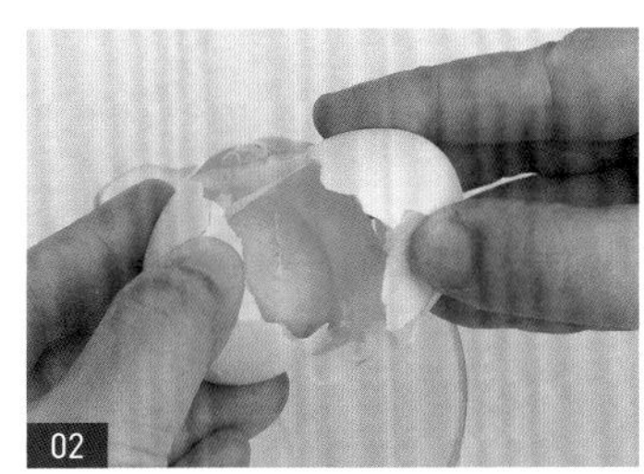

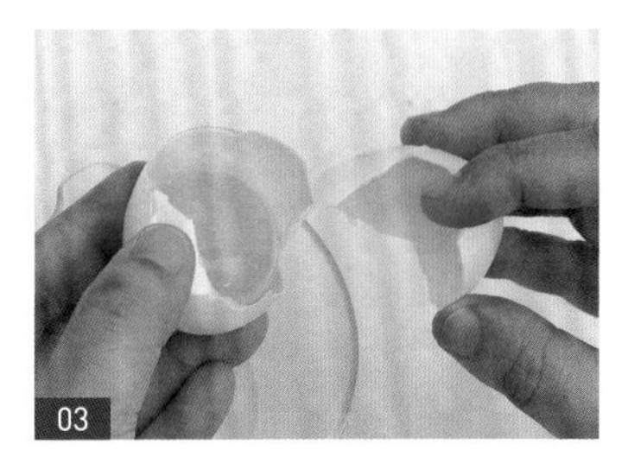

01 準備一容器，敲打蛋殼。

02 打開蛋殼後讓蛋白流入容器中。

03 小心不要讓蛋黃掉入。

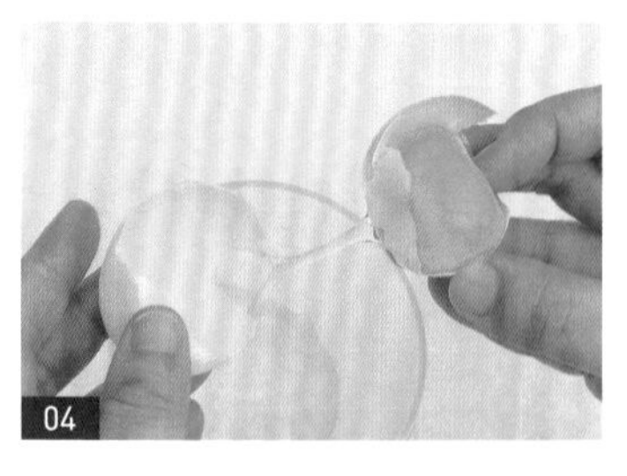

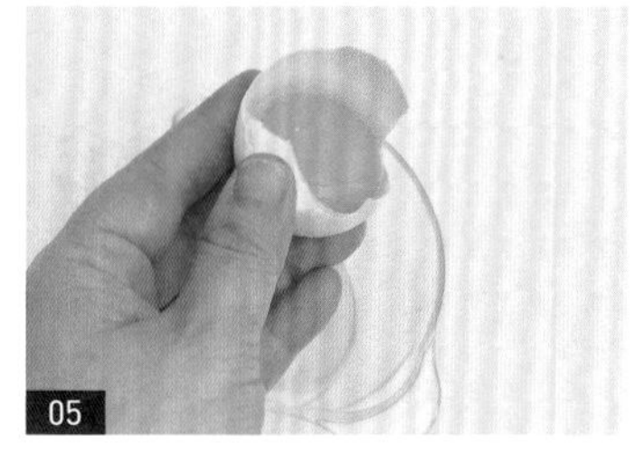

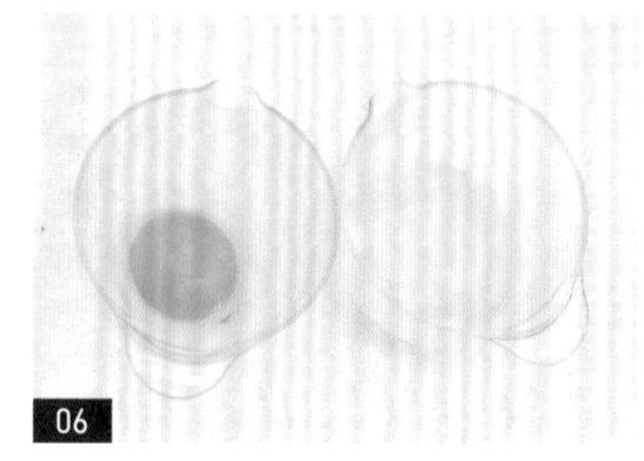

04 將蛋黃倒入另一邊蛋殼，使剩下蛋白流入容器中。

05 反覆將蛋黃交換位置，檢查是否還有多餘蛋白。

06 將蛋黃裝入另一容器即可。

SECTION 03 打散蛋液方法

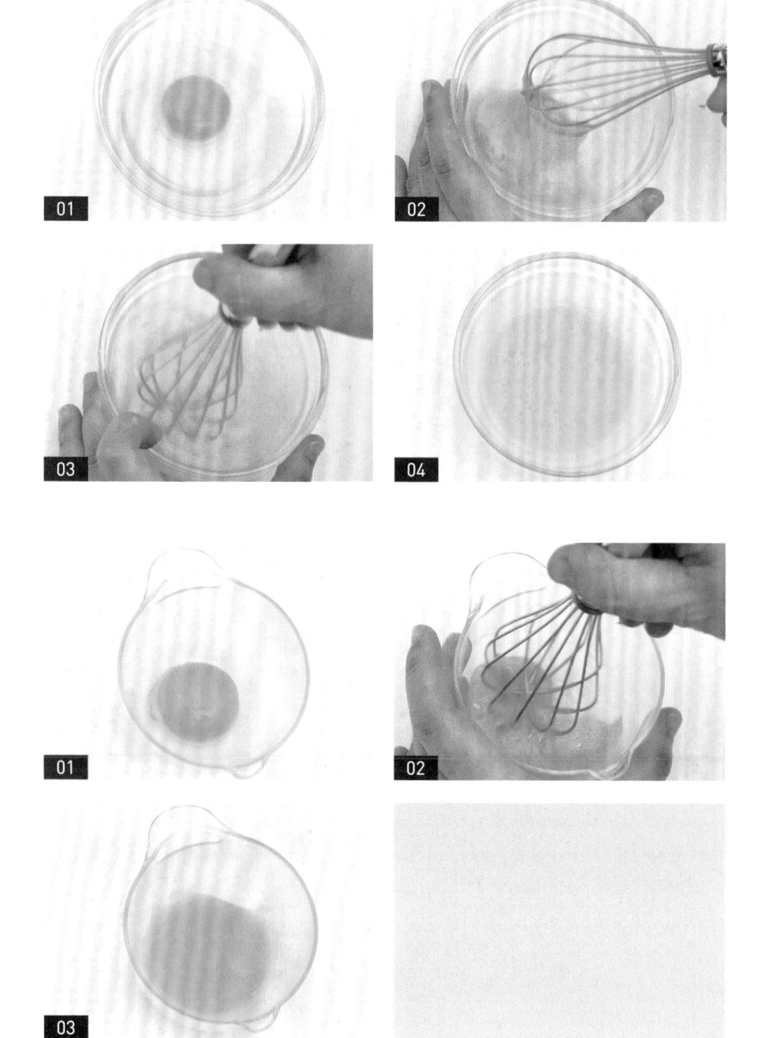

打散全蛋

01 準備全蛋。

02 打散全蛋。

03 容器傾斜 45° 角，以同方向攪拌。

04 攪拌至看不見蛋白，即完成全蛋攪拌。

打散蛋黃

01 準備蛋黃。

02 將容器傾斜 45° 角，以同方向將蛋黃攪拌均勻。

03 完成蛋黃攪拌。

SECTION 04 編辮子麵包方法

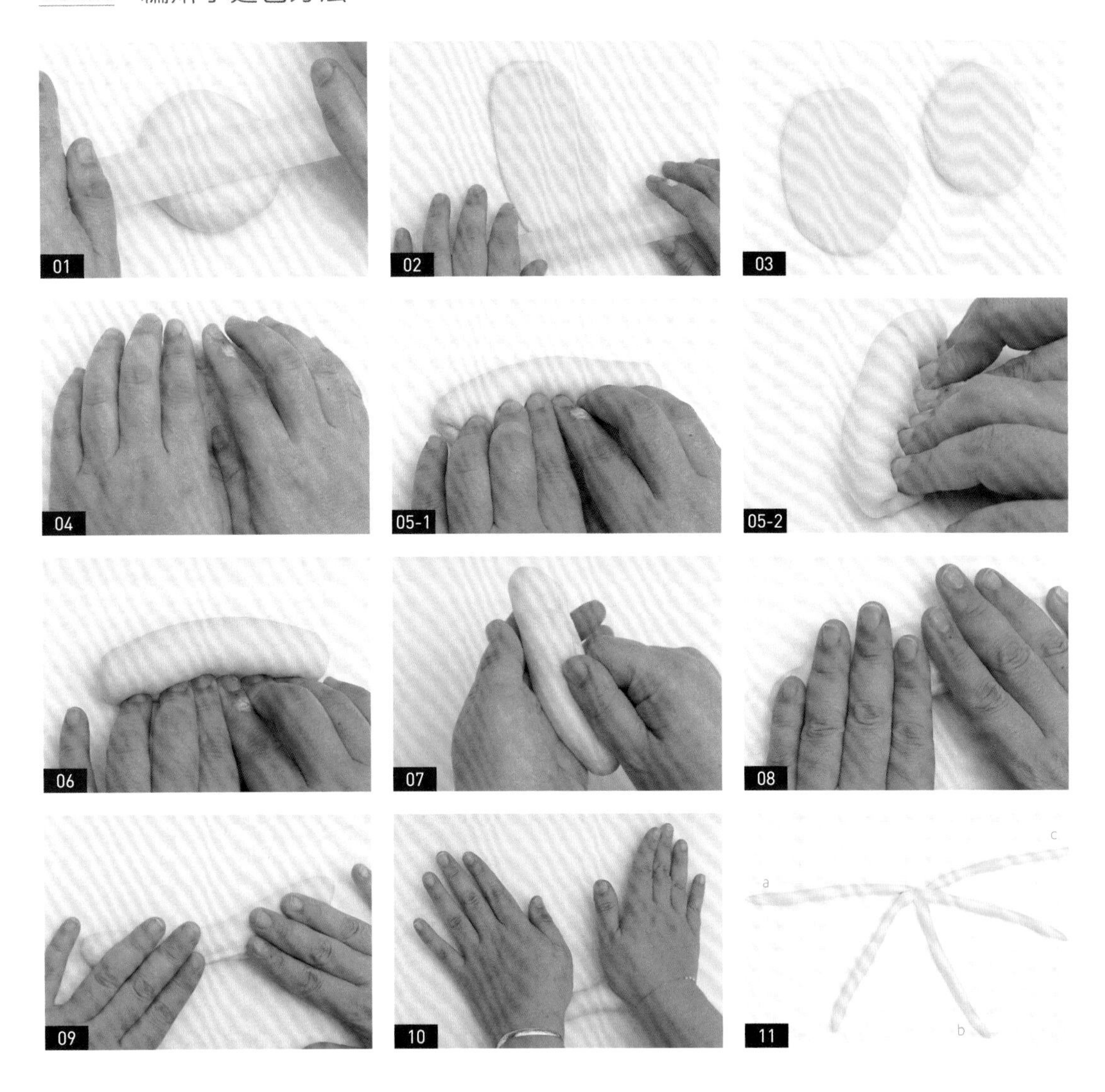

01 製作一個麵團，並待麵團中間發酵後，將每個小麵團進行第一次擀平。

Tips. 麵包發酵方法可參考 P.156。

02 靜置約 3 分鐘後，進行第二次擀平。

03 如圖，為第一（右）、二次（左）擀平後對照圖。

04 用雙手手指將麵團向內捲。

05 先捲至 1/3 處，用手指按壓固定。

06 重複步驟 4-5，繼續捲及按壓麵團。

07 捏緊麵團接縫處。

08 將麵團搓長。

09 靜置 3 分鐘後，將麵團再次搓長。

10 用雙手平均施力，手掌微微向外，以將麵團兩端搓尖，即完成長條形麵團。

11 重複步驟 1-10，完成五條長條形麵團後，將五條麵團頂端連接。

Tips. 圖上標註位置，為長條形麵團主要會移動的位置。

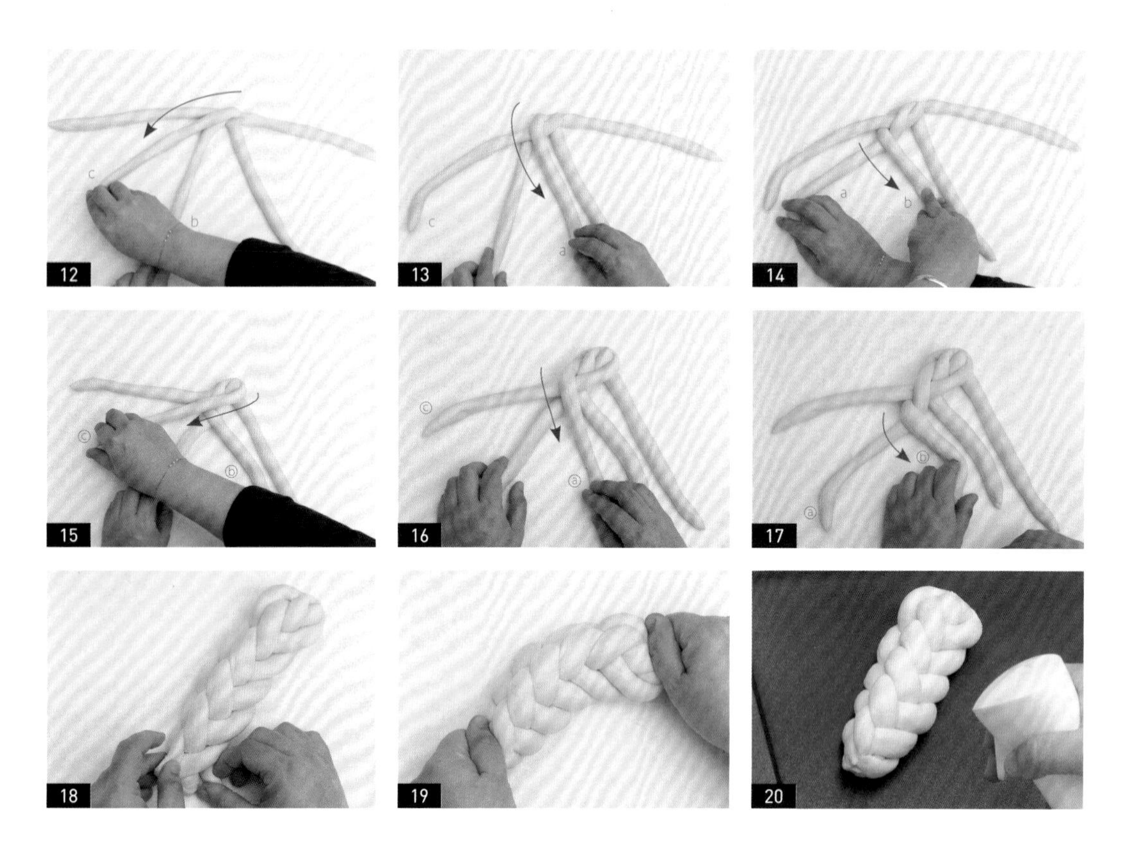

12 將長條形麵團 c 移動到長條形麵團 b 上。

13 將長條形麵團 a 移動到長條形麵團 c 上。

14 將長條形麵團 b 移動到長條形麵團 a 上。

Tips. 步驟 12-14 為一個循環，以下為第二次循環。

15 將長條形麵團ⓒ移動到長條形麵團ⓑ上。

Tips. 步驟 15 開始為第二次循環，同樣以 a、b、c 的位置進行編辮子。

16 將長條形麵團ⓐ移動到長條形麵團ⓒ上。

17 將長條形麵團ⓑ移動到長條形麵團ⓐ上。

18 重複步驟 12-17，編至尾端處後捏緊麵團。

19 將頭尾捏緊，以免烘烤時鬆開。

20 放置烤盤上並噴灑水，發酵 25 分鐘後，即可烘烤。

CHAPTER 02

戚風及
海綿蛋糕

CHIFFON & SPONGE CAKE

ARTICLE
01

戚風蛋糕基底糊製作

・步驟說明 STEP BY STEP・

01 將蛋白倒入鋼盆中。

02 取電動打蛋器，以低速打發至大泡泡出現。

03 加入 1/3 細砂糖。

04 調為中高速，打發至啤酒泡泡狀態。

05 加入 1/3 細砂糖。

06 維持中高速，打發至小泡泡狀態。

07 加入剩下的細砂糖。

08 維持中高速，打發至綿密狀態。

09 拿起打蛋器，出現約 1cm 尖端，即完成蛋白霜打發。

10 將蛋黃分兩次加入蛋白霜中，取電動打蛋器以低速拌勻。

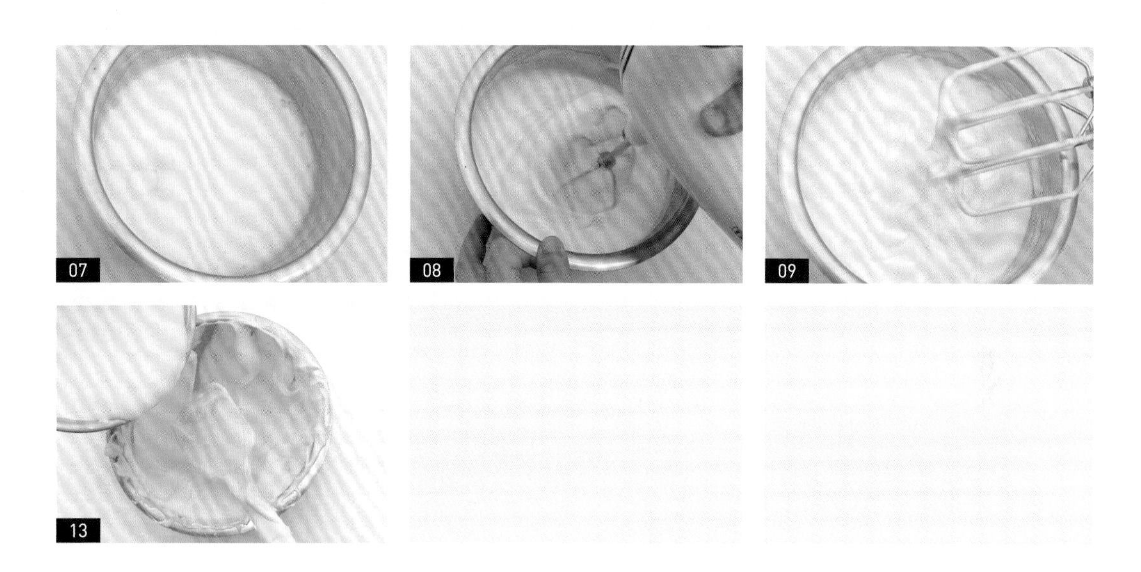

11 將米穀粉、泡打粉混合過篩後加入，再以刮刀拌勻，即完成麵糊。

須以同方向攪拌至麵糊呈現光滑面，若顆粒太明顯，烤好時會有粉粒，特別是米穀粉相較麵粉更易結粒，拌合時要特別注意。

12 取 1/3 的麵糊，再與混合並加熱後的牛奶、奶油拌勻。

將牛奶、奶油混合後，以微波爐加熱 30 秒，直至奶油融化，在使用前溫度須保溫在 40°C。

13 以刮刀做緩衝，倒回 2/3 的麵糊中拌勻，以免快速沖入造成蛋白消泡。

因比重不同，用此方法較易拌勻，也較不易消泡。

14 戚風蛋糕基底糊製作完成。

TIP

- 蛋白為冷藏溫度較好打發。
- 勿混入蛋黃，否則無法打發。
- 容器及機器都要保持清潔，不可殘留水分、油脂。
- 不同電動打蛋器馬力不一樣，需要的時間也不同。

ARTICLE 02

戚風蛋糕脫模方法

・步驟說明 STEP BY STEP・

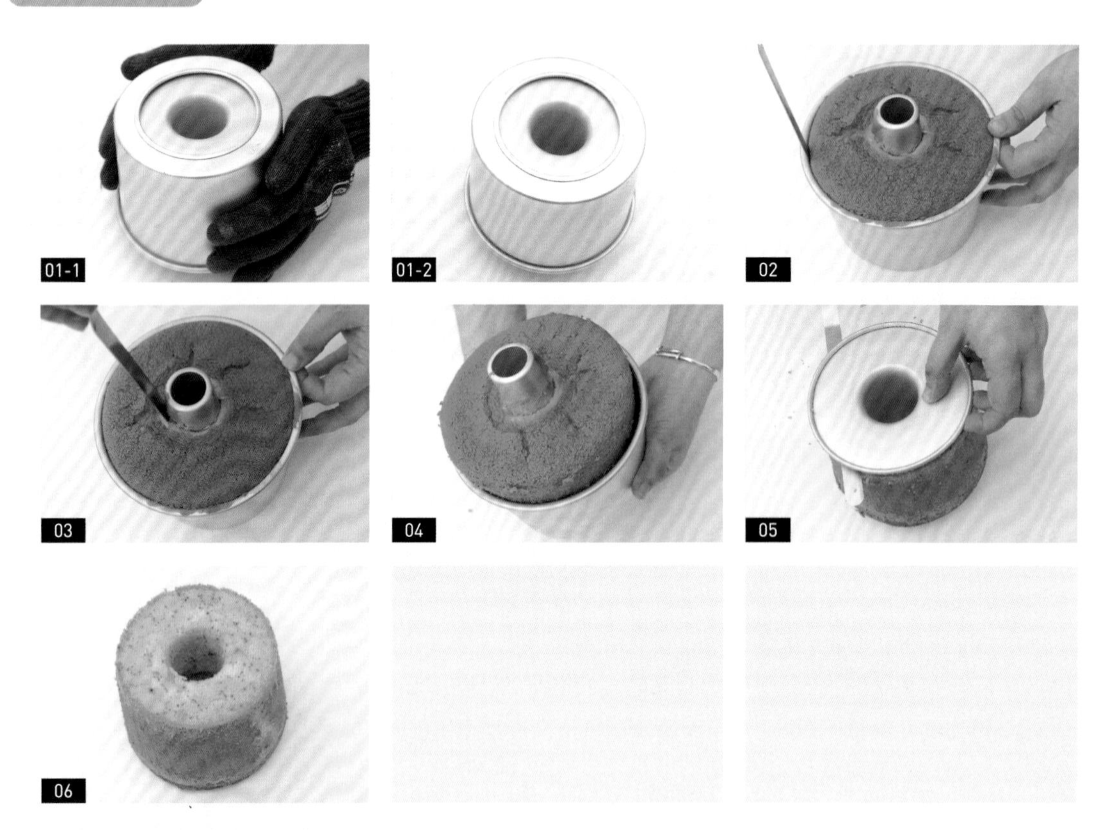

01 戚風蛋糕出爐後，須倒扣放涼後再脫模，較易脫模。

02 以脫模刀在模具四周刮一圈。

03 模具中央處也須刮一圈。

04 用手將模具底部撐起。

05 以脫模刀在模具底部刮一圈。

06 蛋糕脫模完成。

香草戚風蛋糕

CHIFFON CAKE

材料 INGREDIENTS

① 牛奶 66g
② 奶油 50g
③ 米穀粉 65g
④ 泡打粉 2g
⑤ 蛋白 125g（使用前須先冷藏）
⑥ 細砂糖 70g
⑦ 蛋黃 65g

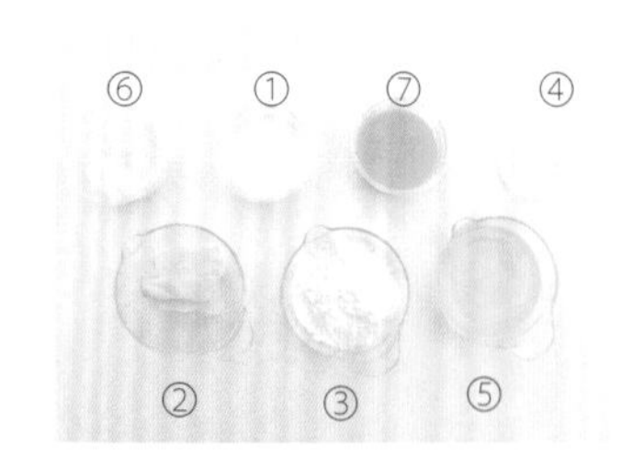

香草戚風蛋糕
製作影片 QRcode

工具 TOOLS

戚風蛋糕模、電動打蛋器、鋼盆、刮刀、脫模刀、篩網、筷子、微波爐

步驟說明 STEP BY STEP

前置作業

01 預熱烤箱。

02 混合牛奶、奶油後，以微波爐加熱 30 秒，直至奶油融化，在使用前溫度須保溫在 40℃。

03 將泡打粉、米穀粉混合後過篩。

04 蛋白預先冷藏，勿混入蛋黃，否則會影響打發。

麵糊製作

05 將蛋白倒入鋼盆，細砂糖分三次加入打發成蛋白霜。
蛋白霜作法可參考 P.26。

06 將蛋黃分兩次加入蛋白霜，並邊以電動打蛋器用低速拌勻。

07 加入已過篩的泡打粉、米穀粉，再以刮刀切拌均勻，即完成麵糊。
須以同方向攪拌至麵糊呈現光滑面，若顆粒太明顯，烤好時會有粉粒，特別是米穀粉相較麵粉更易結粒，拌合時要特別注意。

麵糊製作

08 取 1/3 的麵糊與保溫在 40℃的牛奶、奶油拌勻。

09 以刮刀當做緩衝，順著刮刀倒回 2/3 的麵糊中攪拌均勻，以免快速沖入易造成蛋白消泡。

因比重不同，用此方法較易拌勻，也較不易消泡。

10 將拌好的麵糊倒入模具內，並以筷子畫圓，可使麵糊中間的大氣泡排出。

因是使用中空模型，可避免在烤製的過程中，蛋糕內部有大孔洞產生。

11 麵糊倒入完成後，將模具拿起，並往桌面敲擊一下，以排出大氣泡。

敲擊可消除麵糊氣泡，並使表面平整。

烘烤及脫模

12 放入預熱好的烤箱，以上火 190℃／下火 180℃，烤約 40 分鐘。

13 出爐後，底部輕敲桌面排出蒸氣，倒扣放涼後，以脫模刀分離蛋糕和烤模，即可脫模。

脫模作法可參考 P.28。

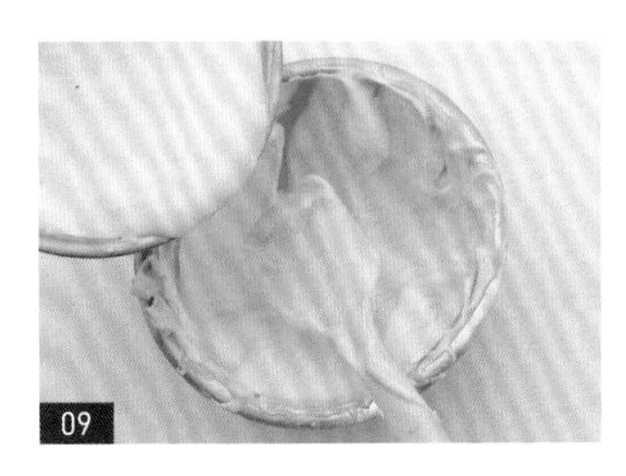
09

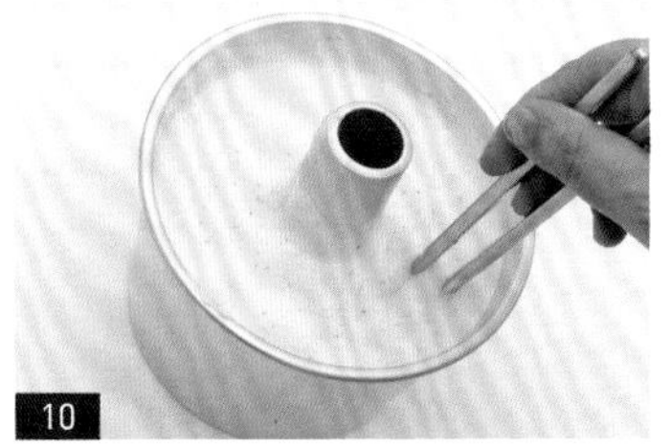
10

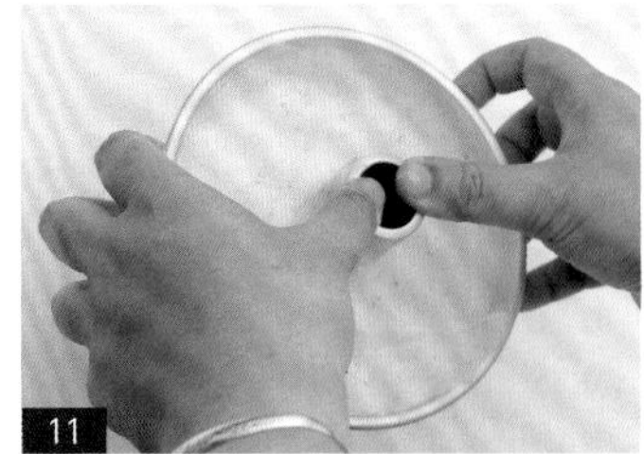
11

紅茶戚風蛋糕

BLACK TEA CHIFFON CAKE

材料 INGREDIENTS

① 牛奶 60g
② 奶油 50g
③ 紅茶包 2 包
④ 動物性鮮奶油 10g
⑤ 米穀粉 70
⑥ 泡打粉 2g
⑦ 鹽少許
⑧ 蛋白 125g（使用前須先冷藏）
⑨ 細砂糖 80g
⑩ 蛋黃 65g

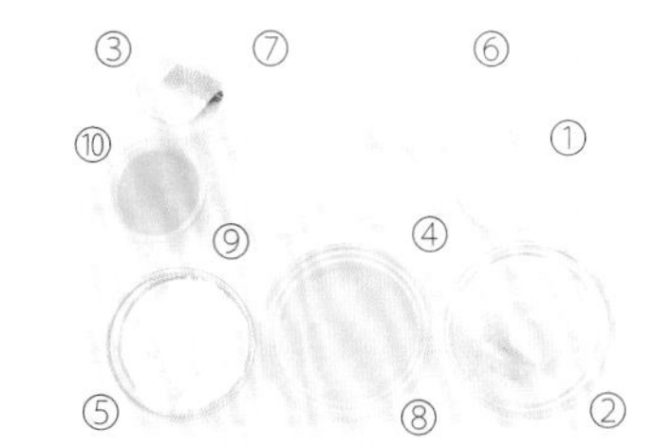

紅茶戚風蛋糕
製作影片 QRcode

工具 TOOLS

戚風蛋糕模、電動打蛋器、鋼盆、刮刀、脫模刀、篩網、筷子、微波爐

步驟說明 STEP BY STEP

前置作業

01 預熱烤箱。

02 將兩包紅茶包、動物性鮮奶油混合後，以微波爐加熱 30 ～ 40 秒，泡至茶味出現。

03 將鹽、泡打粉、米穀粉混合後過篩。

04 將牛奶、奶油混合後，以微波爐加熱 30 秒，直至奶油融化，在使用前溫度須保溫在 40℃。

麵糊製作

05 將蛋白倒入鋼盆，細砂糖分三次加入打發成蛋白霜。

蛋白霜作法可參考 P.26。

06 將蛋黃分兩次加入蛋白霜，並邊以電動打蛋器用低速拌勻。

07 加入過篩後的鹽、泡打粉、米穀粉，再以刮刀切拌均勻，即完成麵糊。

須以同方向攪拌至麵糊呈現光滑面，若顆粒太明顯，烤好時會有粉粒，特別是米穀粉相較麵粉更易結粒，拌合時要特別注意。

麵糊製作

08 取 1/3 的麵糊與保溫在 40℃的牛奶、奶油拌勻。

09 以刮刀當做緩衝，倒回 2/3 的麵糊中攪拌均勻，以免快速沖入易造成蛋白消泡。
因比重不同，用此方法較易拌勻，也較不易消泡。

10 將兩包紅茶與動物性鮮奶油一起加溫並擠出茶液後，加入麵糊，攪拌均勻。

11 剪開步驟 10 的茶包，並將茶葉加入麵糊中。
加入茶葉可增加紅茶香氣。

12 將拌好的麵糊倒入模具內，並以筷子畫圓，可使麵糊中間的大氣泡排出。
因是使用中空模型，可避免在烤製的過程中，蛋糕內部有大孔洞產生。

13 麵糊倒入完成後，將模具拿起，並往桌面敲擊一下，以排出大氣泡。
敲擊可消除麵糊氣泡，並使表面平整。

烘烤及脫模

14 放入預熱好的烤箱，以上火 190℃／下火 180℃，烤約 40 分鐘。

15 出爐後，底部輕敲桌面，倒扣放涼後，以脫模刀分離蛋糕和烤模，即可脫模。
脫模作法可參考 P.28。

抹茶戚風蛋糕

MATCHA CHIFFON CAKE

材料 INGREDIENTS

① 牛奶 55g
② 奶油 40g
③ 米穀粉 90g
④ 抹茶粉 10g
⑤ 泡打粉 2g
⑥ 蛋白 140g（使用前須先冷藏）
⑦ 細砂糖 70g
⑧ 蛋黃 70g

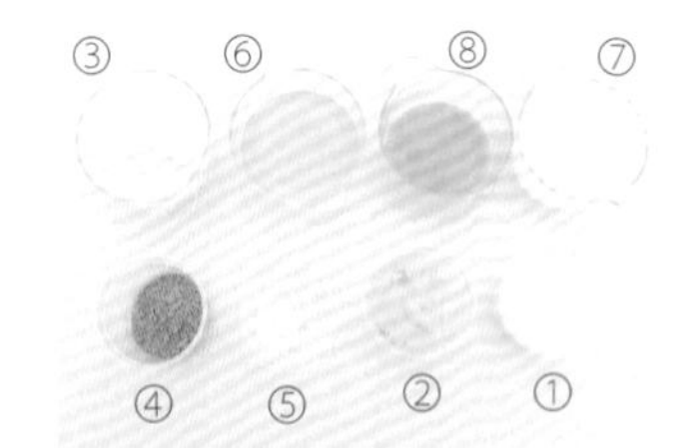

抹茶戚風蛋糕
製作影片 QRcode

工具 TOOLS

戚風蛋糕模、電動打蛋器、鋼盆、刮刀、脫模刀、篩網、筷子、微波爐

步驟說明 STEP BY STEP

前置作業

01 預熱烤箱。

02 將牛奶、奶油混合後，以微波爐加熱 30 ～ 40 秒，直至奶油融化，在使用前溫度須保溫在 40℃。

03 將泡打粉、抹茶粉、米穀粉混合後過篩。
抹茶粉較易結粒，建議可過篩數次，使粉類更易與蛋白霜拌勻。

04 蛋白預先冷藏，勿混入蛋黃，否則會影響打發。

麵糊製作

05 將蛋白倒入鋼盆，細砂糖分三次加入打發成蛋白霜。
蛋白霜作法可參考 P.26。

06 將蛋黃分兩次加入蛋白霜，並邊以電動打蛋器用低速拌勻。

麵糊製作

07 加入過篩後的泡打粉、抹茶粉、米穀粉，再以刮刀切拌均勻，即完成麵糊。

須以同方向攪拌至麵糊呈現光滑面，若顆粒太明顯，烤好時會有粉粒，特別是米穀粉相較麵粉更易結粒，拌合時要特別注意。

08 取 1/3 的麵糊與保溫在 40℃的牛奶、奶油拌勻。

09 以刮刀當做緩衝，倒回 2/3 的麵糊中攪拌均勻，以免快速沖入易造成蛋白消泡。

因比重不同，用此方法較易拌勻，也較不易消泡。

10 將拌好的麵糊倒入模具內，並以筷子畫圓，可使麵糊中間的大氣泡排出。

因是使用中空模型，可避免在烤製的過程中，蛋糕內部有大孔洞產生。

11 麵糊倒入完成後，將模具拿起，並往桌面敲擊一下，以排出大氣泡。

敲擊可消除麵糊氣泡，並使表面平整。

烘烤及脫模

12 放入預熱好的烤箱，以上火 190℃／下火 180℃，烤約 40 分鐘。

13 出爐後，底部輕敲桌面排出蒸氣，倒扣放涼後，以脫模刀分離蛋糕和烤模，即可脫模。

脫模作法可參考 P.28。

05

10

13

巧克力戚風蛋糕

CHOCOLATE CHIFFON CAKE

材料 INGREDIENTS

① 牛奶 55g
② 奶油 37g
③ 米穀粉 50g
④ 可可粉 10g
⑤ 泡打粉 2g
⑥ 蛋白 117g（使用前須先冷藏）
⑦ 細砂糖 83g
⑧ 蛋黃 55g

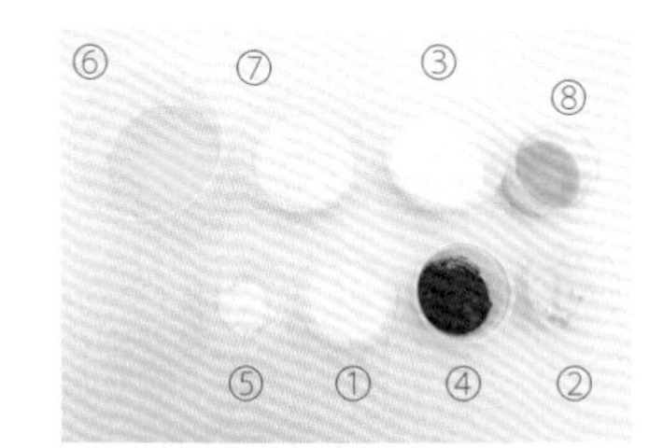

巧克力戚風蛋糕
製作影片 QRcode

工具 TOOLS

戚風蛋糕模、電動打蛋器、鋼盆、刮刀、脫模刀、篩網、筷子、微波爐

步驟說明 STEP BY STEP

前置作業

01 預熱烤箱。

02 將牛奶、奶油混合後，以微波爐加熱 30 ～ 40 秒，直至奶油融化，在使用前溫度須保溫在 40℃。

03 將泡打粉、可可粉、米穀粉混合後過篩。
可可粉較易結粒，可過篩數次，使粉類更易與蛋白霜拌勻。

04 蛋白預先冷藏，勿混入蛋黃，否則會影響打發。

麵糊製作

05 將蛋白倒入鋼盆，細砂糖分三次加入打發成蛋白霜。
蛋白霜作法可參考 P.26。

06 將蛋黃分兩次加入蛋白霜，並邊以電動打蛋器用低速拌勻。

07 加入過篩後的泡打粉、可可粉、米穀粉，再以刮刀切拌均勻，即完成麵糊。
須以同方向攪拌至麵糊呈現光滑面，若顆粒太明顯，烤好時會有粉粒，特別是米穀粉相較麵粉更易結粒，拌合時要特別注意。

麵糊製作

08　取 1/3 的麵糊與混合並加熱後的牛奶、奶油拌勻。

09　以刮刀當做緩衝，倒回 2/3 的麵糊中攪拌均勻，以免快速沖入易造成蛋白消泡。
因比重不同，用此方法較易拌勻，也較不易消泡。

10　將拌好的麵糊倒入模具內，並以筷子畫圓，可使麵糊中間的大氣泡排出。
因是使用中空模型，可避免在烤製的過程中，蛋糕內部有大孔洞產生。

11　麵糊倒入完成後，將模具拿起，並往桌面敲擊一下，以排出大氣泡。
敲擊可消除麵糊氣泡，並使表面平整。

烘烤及脫模

12　放入預熱好的烤箱，以上火 190℃／下火 180℃，烤約 40 分鐘。

13　出爐後，底部輕敲桌面排出蒸氣，倒扣放涼後，以脫模刀分離蛋糕和烤模，即可脫模。
脫模作法可參考 P.28。

09

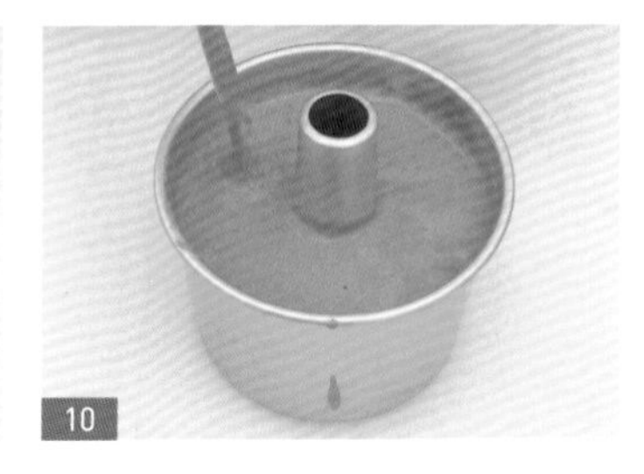
10

13-1

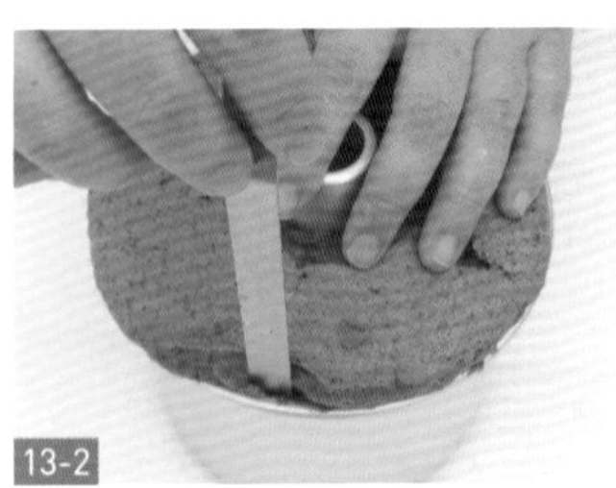
13-2

ARTICLE
03 全蛋海綿蛋糕基底糊製作

・步驟說明 STEP BY STEP・

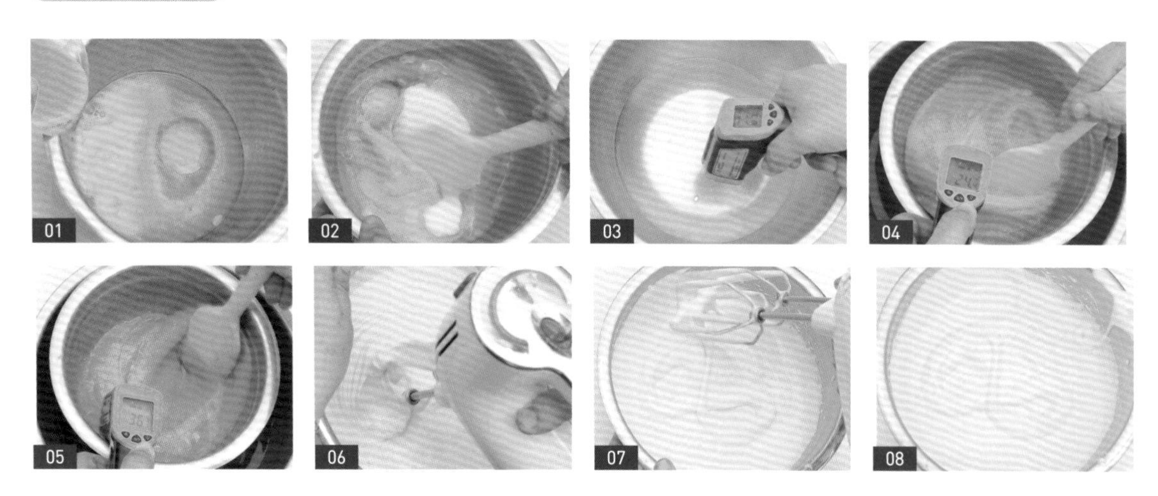

01 將全蛋倒入鋼盆中。

02 加入細砂糖，以刮刀切拌均勻。

03 取另一鋼盆，準備溫度約 65℃的熱水。

04 將全蛋液放入鋼盆內隔水加熱。
須不斷攪拌避免過熱。

05 加熱至 36℃後取出。
全蛋打發最好的溫度是 36 ～ 38℃。

06 取電動打蛋器以高速打發全蛋液，並稍微傾斜鋼盆，打發至顏色逐漸變白。

07 濃稠度約為打發蛋液可在表面畫出「8」，且不會馬上消失。

08 全蛋海綿蛋糕基底糊製作完成。

TIP

- 容器及機器都要保持清潔，沒有殘留水分、油脂。
- 不同電動打蛋器馬力不一樣，需要的時間也不同。
- 因用高速打發後會有大氣泡產生，所以要轉低速均質到大氣泡消失且表面有光澤的程度，可避免加入粉類時消泡。

ARTICLE

04 分蛋海綿蛋糕基底糊製作

・步驟說明 STEP BY STEP・

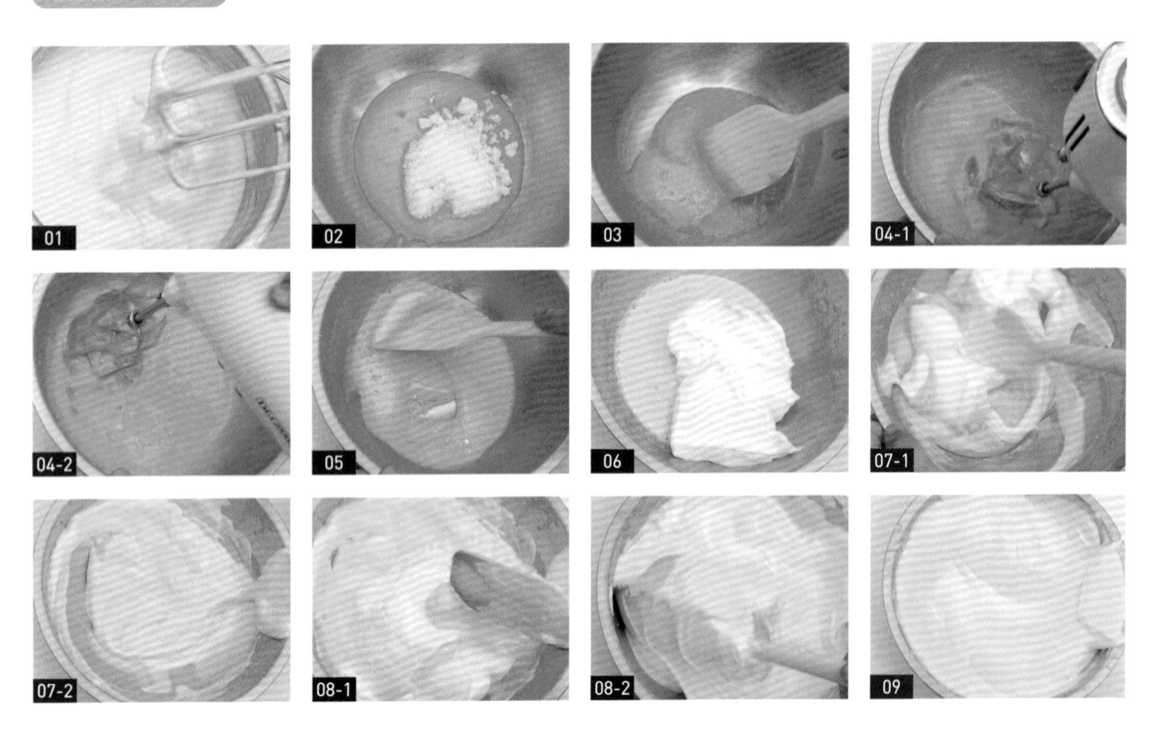

01 取蛋白打成蛋白霜。

蛋白霜打法可參考 P.26。

02 取另一鋼盆倒入蛋黃及細砂糖。

03 以刮刀稍微攪拌細砂糖。

04 將電動打蛋器調為高速，開始打發，打發過程中，蛋黃顏色會逐漸變淺，並呈現較滑順狀態。

05 與蛋白霜混合之前，以刮刀將蛋黃液翻拌均勻至呈現濃稠狀。

06 取 1/2 蛋白霜加入打發好的蛋黃中。

07 以刮刀切拌均勻。

08 加入剩下的 1/2 蛋白霜，並重複步驟 7，以刮刀切拌均勻。

09 分蛋海綿蛋糕基底糊製作完成。

TIP

- 蛋白須冷藏，較好打發。
- 容器及機器都要保持清潔，沒有殘留水分、油脂。
- 不同電動打蛋器馬力不一樣，需要的時間也不同。

巧克力海綿蛋糕

CHOCOLATE SPONGE CAKE

材料 INGREDIENTS

① 牛奶 20g
② 奶油 25g
③ 米穀粉 100g
④ 可可粉 17g
⑤ 全蛋 141g
⑥ 蛋黃 41g
⑦ 細砂糖 80g
⑧ 玉米糖漿 19g

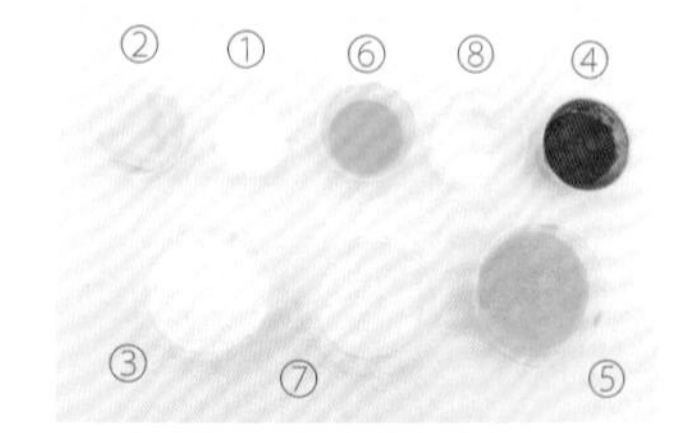

巧克力海綿蛋糕
製作影片 QRcode

工具 TOOLS

6 吋圓形烤模、電動打蛋器、鋼盆、刮刀、烘焙布、紅外線溫度計、篩網、微波爐

步驟說明 STEP BY STEP

前置作業

01 預熱烤箱。

02 將牛奶與奶油混合後，以微波爐加熱 30 ～ 40 秒，直至奶油融化。

03 將可可粉、米穀粉混合後過篩。
可可粉較易結粒，可過篩數次，使粉類更易與蛋白霜拌合。

04 在烤模上鋪上烘焙布。
蛋糕出爐後，側面會較平滑，不會掉落太多蛋糕屑。

麵糊製作

05 將全蛋、蛋黃、細砂糖、玉米糖漿倒入鋼盆後，持續攪拌並隔水加熱至 36℃ ～ 38℃。
36℃～ 38℃為全蛋打發較佳的溫度。
加入玉米糖漿，可使蛋糕體較濕潤。

06 以電動打蛋器高速打發變白，至表面可以用麵糊畫出「8」，時間約為 5 分鐘。
全蛋打發作法可參考 P.41。

麵糊製作

07 加入過篩後的可可粉、米穀粉，以刮刀切拌均勻，即完成麵糊。

須以同方向攪拌至麵糊呈現光滑面，若顆粒太明顯，烤好時會有粉粒，特別是米穀粉相較麵粉更易結粒，拌合時要特別注意。

08 取 1/3 的麵糊，加入牛奶與奶油中拌勻。

09 以刮刀當做緩衝，倒回 2/3 的麵糊中攪拌均勻。

因比重不同，用此方法較易拌勻，也較不易消泡。

10 將拌好的麵糊倒入模具內，並往桌面敲擊一下，以排出大氣泡。

敲擊可消除麵糊氣泡，並使表面平整。

烘烤及裝飾

11 放入預熱好的烤箱，以上火 180℃／下火 170℃，烤約 30 ～ 35 分鐘。

12 出爐後脫模，並取下烘焙布排出熱氣即可。

原味海綿蛋糕

SPONGE CAKE

材料 INGREDIENTS

① 蜂蜜 8g
② 奶油 27g
③ 米穀粉 101g
④ 全蛋 155g
⑤ 蛋黃 41g
⑥ 細砂糖 100g

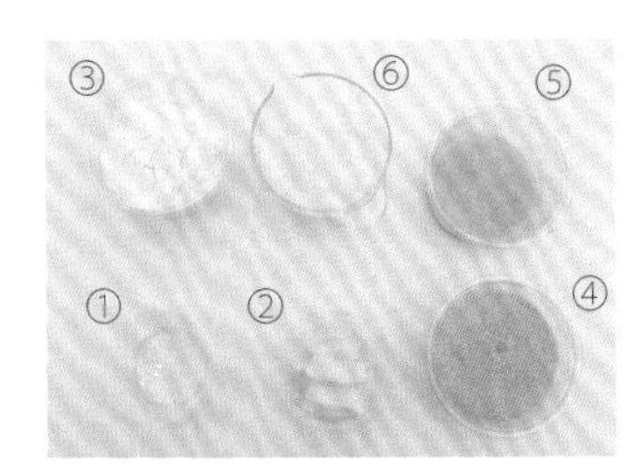

原味海綿蛋糕
製作影片 QRcode

工具 TOOLS

6 吋圓形烤模、電動打蛋器、打蛋器、鋼盆、刮刀、烘焙布、紅外線溫度計、篩網、微波爐

步驟說明 STEP BY STEP

前置作業

01 預熱烤箱。

02 將蜂蜜與奶油混合後，以微波爐加熱 20 秒，直至奶油融化。

03 將米穀粉過篩。

04 在烤模上鋪上烘焙布。

麵糊製作

05 將全蛋、蛋黃與細砂糖倒入鋼盆後，持續攪拌並隔水加熱至 36 ～ 38℃。
36°C～ 38°C為全蛋打發較佳的溫度。

06 以電動打蛋器高速打發變白，至表面可以用麵糊畫出「8」，時間約為 5 分鐘。
全蛋打發作法可參考 P.41。

05

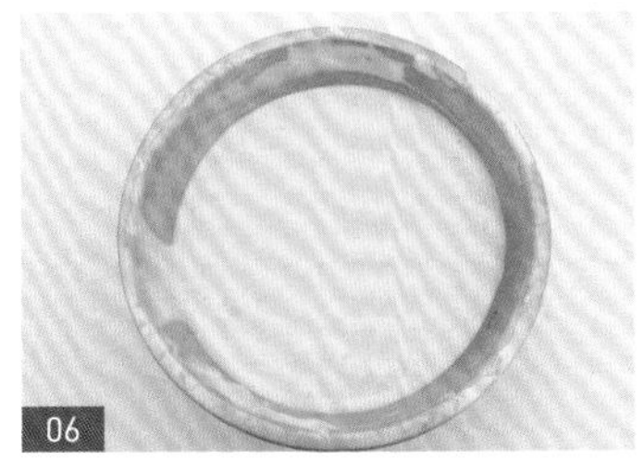
06

麵糊製作

07 加入過篩後的米穀粉，以刮刀切拌均勻，即完成麵糊。

　須以同方向攪拌至麵糊呈現光滑面，若顆粒太明顯，烤好時會有粉粒，特別是米穀粉相較麵粉更易結粒，拌合時要特別注意。

08 取 1/3 的麵糊，加入蜂蜜與奶油拌勻。

09 以刮刀當做緩衝，倒回 2/3 的麵糊中攪拌均勻。

　因比重不同，用此方法較易拌勻，也較不易消泡。

10 將拌好的麵糊倒入模具內，並往桌面敲擊一下，以排出大氣泡。

　敲擊可消除麵糊氣泡，並使表面平整。

烘烤及裝飾

11 放入預熱好的烤箱，以上火 180℃／下火 170℃，烤約 30 ～ 35 分鐘。

12 出爐後脫模，並取下烘焙布排出熱氣即可。

CHAPTER 03

蛋糕捲

CAKE ROLL

ARTICLE 01

蛋糕捲基底糊製作 I（分蛋海綿蛋糕體作法）

步驟說明 STEP BY STEP

01 在鋼盆中，倒入蛋黃。

02 加入細砂糖。

03 以刮刀稍微拌勻。

04 取電動打蛋器以低速打發，即完成蛋黃糊。

05 取另一鋼盆倒入蛋白。

06 將電動打蛋器調低速，打發蛋白至大泡泡出現。

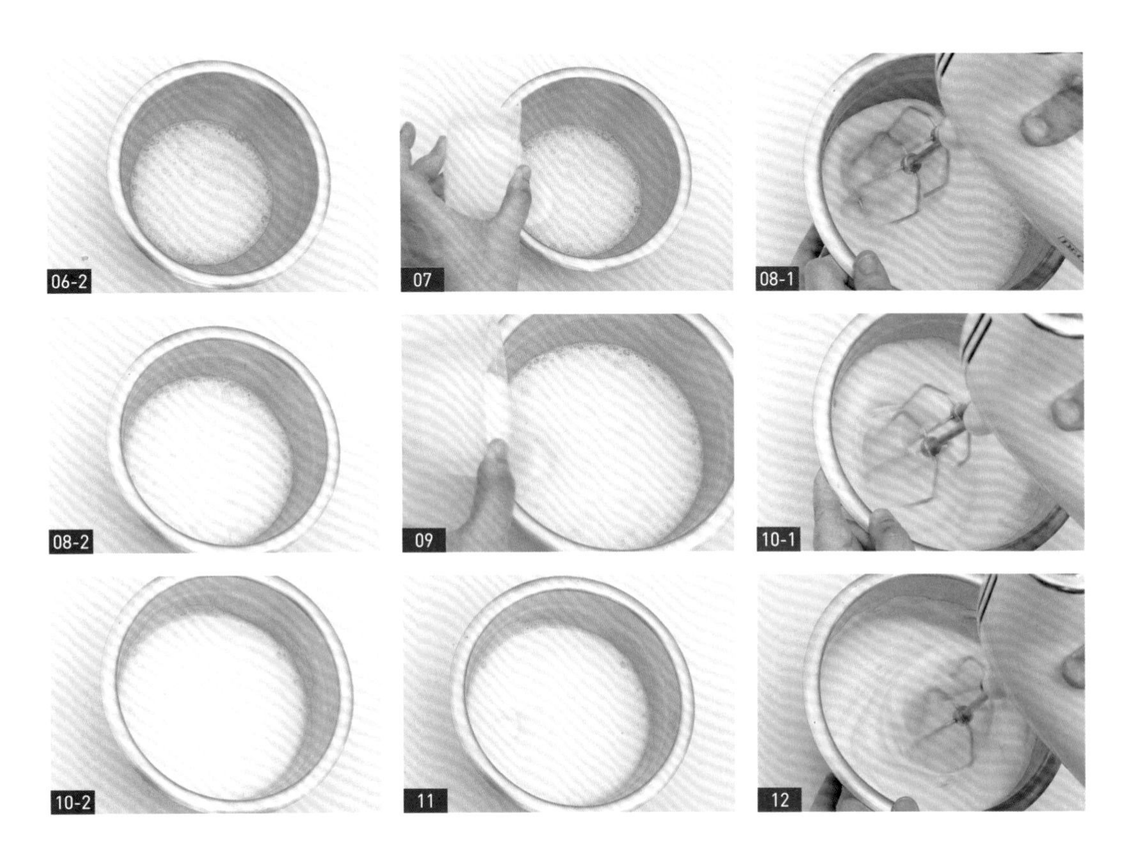

07 倒入 1/3 的細砂糖。

08 調為中高速，打發至啤酒泡泡出現。

09 再倒入 1/3 的細砂糖。

10 維持中高速，打發至小泡泡狀態。

11 倒入剩下的細砂糖。

12 維持中高速，打發至綿密狀態且有光澤。

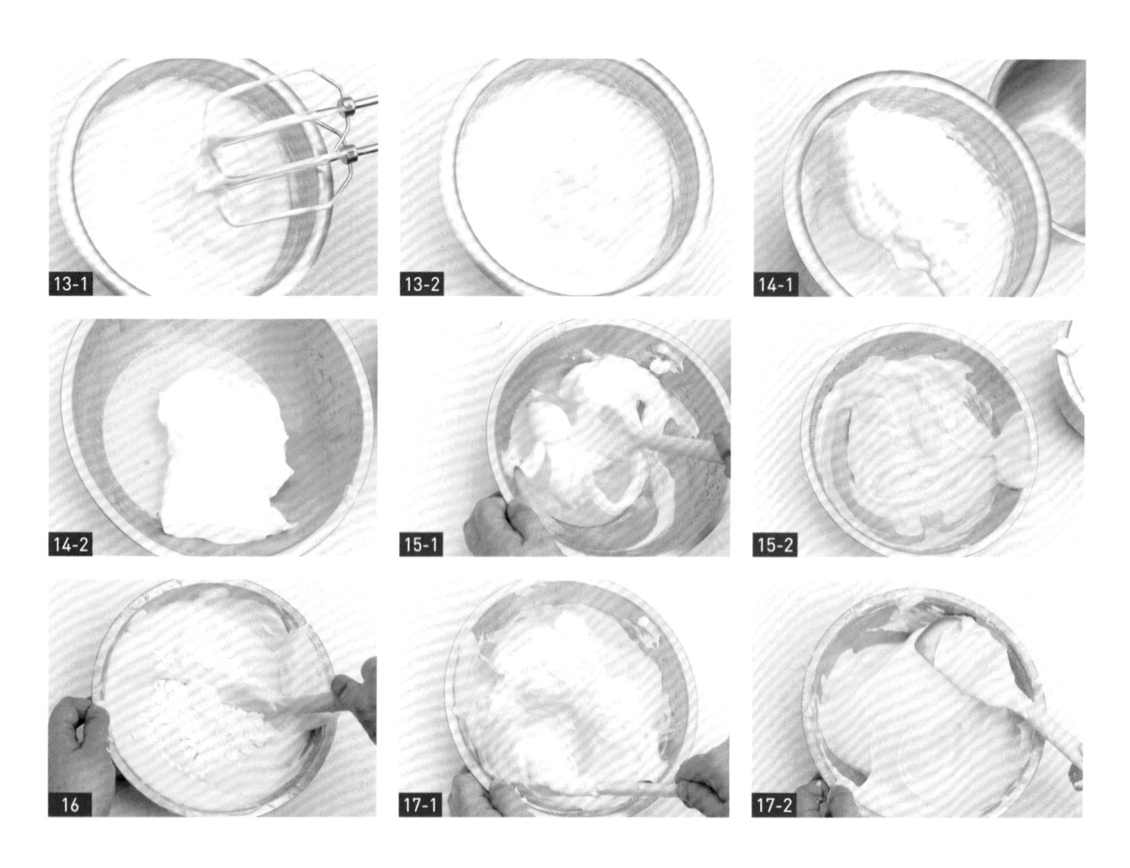

13 待拿起電動打蛋器，出現約 1cm 尖端即完成蛋白霜打發。

14 取 1/2 的蛋白霜並加入蛋黃糊。

15 以刮刀切拌均勻。

16 加入米穀粉並切拌均勻。

17 重複步驟 15，加入剩餘 1/2 的蛋白霜，並切拌拌勻。

18 將牛奶以微波爐加熱 20 ～ 30 秒。

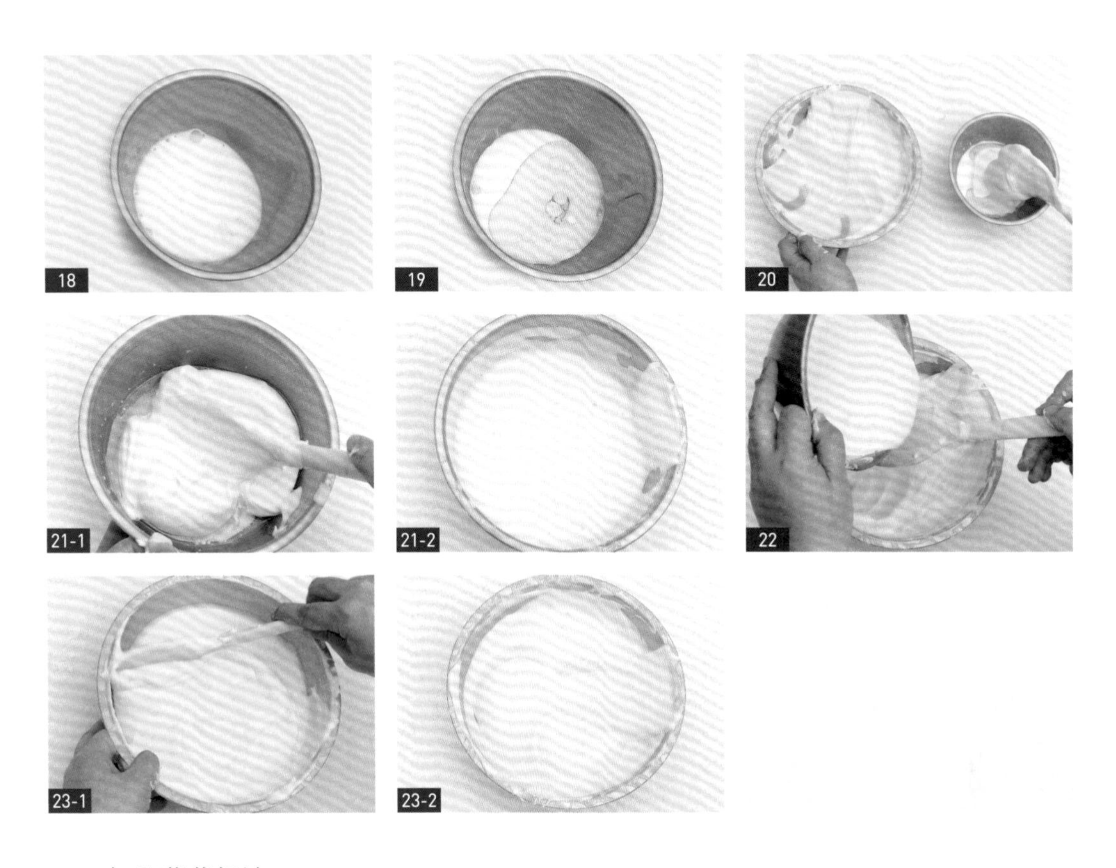

19　加入葡萄籽油。

20　加入步驟 17 一部分混合後的材料。

21　以刮刀切拌均勻。

22　將步驟 20 拌勻後材料，以刮刀為輔助倒回步驟 17 材料中。

23　以刮刀拌勻，即完成蛋糕捲基底糊製作 I，分蛋海綿蛋糕體作法。

ARTICLE
02
蛋糕捲基底糊製作 II（戚風蛋糕體作法）

・步驟說明 STEP BY STEP・

01　將牛奶與奶油到入厚底單柄鍋，並以瓦斯爐加熱至 70℃後，關火。

詳細製作方法可參考焦糖蛋糕捲的製作影片 P.66。

02　將已過篩的米穀粉倒入鍋中，快速拌勻。

03　將步驟 2 拌勻材料倒入另一容器盛裝，以散熱、放涼。

04　放涼後，加入全蛋與蛋黃，並快速拌勻，即完成麵糊。

05　在鋼盆中，倒入蛋白。

06　將電動打蛋器調低速，打發蛋白至大泡泡出現。

07　倒入 1/3 的細砂糖。

08　調為中高速，打發至啤酒泡泡狀態。

09　再倒入 1/3 的細砂糖。

10　維持中高速，打發至小泡泡狀態。

11　倒入剩下的細砂糖。

12　維持中高速，打發至綿密狀態。

13　待拿起攪拌機，出現約 1cm 尖端即完成蛋白霜打發。

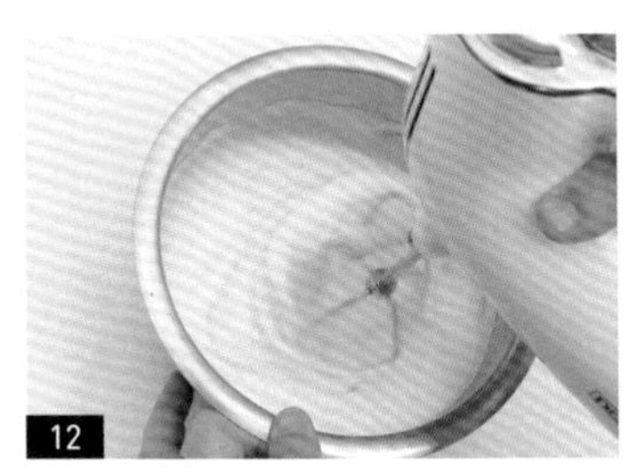

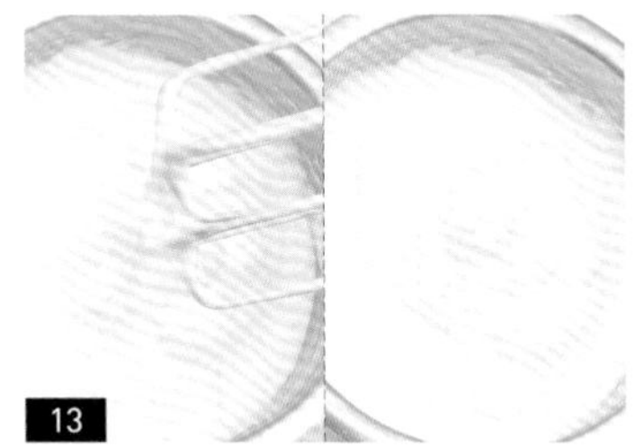

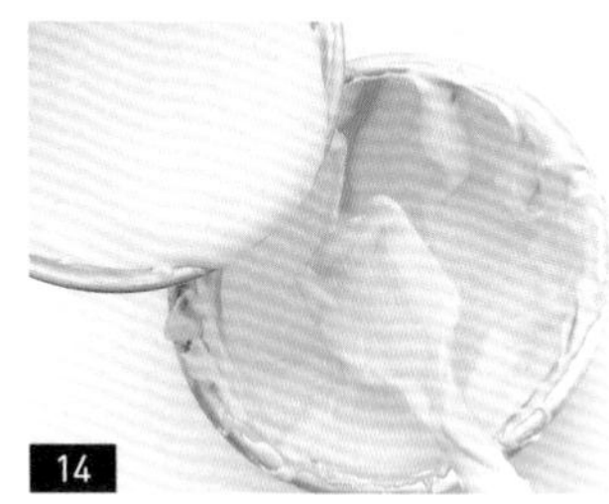

14　取 1/2 的蛋白霜並加入麵糊。

15　以刮刀攪拌均勻。

16　以刮刀做緩衝，將步驟 15 拌勻的麵糊倒入剩下 1/2 的蛋白霜中拌勻，以免快速沖入造成蛋白消泡，即完成蛋糕捲基底糊製作 II，戚風蛋糕體作法。

ARTICLE 03

烘焙紙入烤盤方法

• 步驟說明 STEP BY STEP •

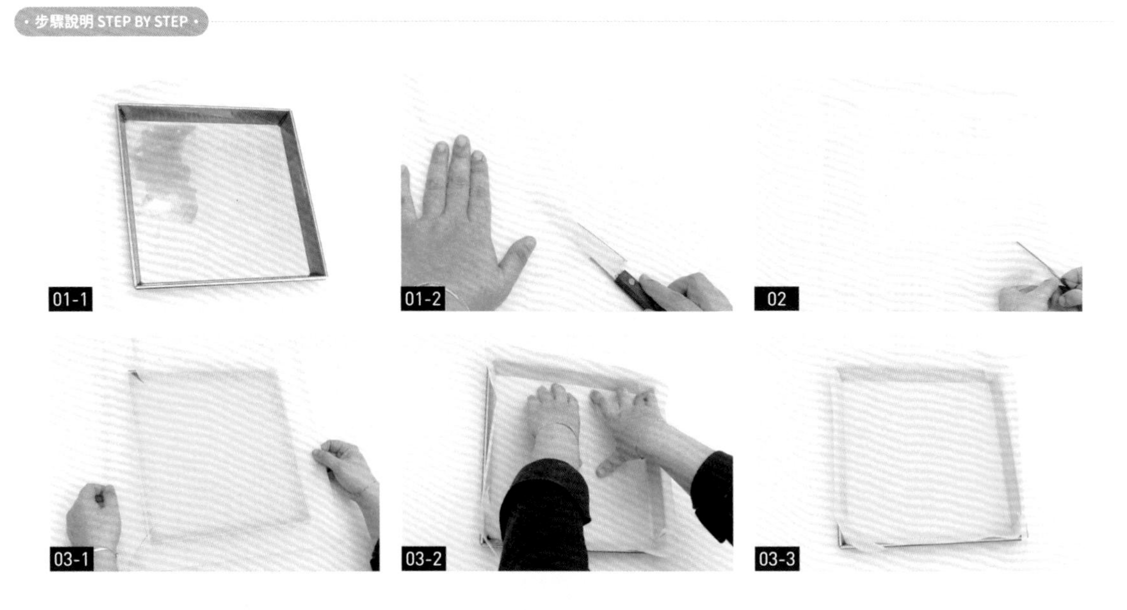

01　剪裁長約 31cm 寬約 31cm 烘焙紙。

02　將四角剪一對角線。

03　鋪在烤盤上，並用指腹順著烤盤邊緣，按壓出邊線。

ARTICLE 04

捲蛋糕捲的方法

・步驟說明 STEP BY STEP・

01
02
03
04
05
06
07-1
07-2
08
09
10
11

01 將蛋糕體放在烘焙紙、綁線上，並以鋸齒麵包刀在蛋糕體邊緣切一斜面。

02 取適量內餡。
約 2/3 的內餡。

03 以抹刀將內餡均勻塗抹至蛋糕表面。
須內向外塗抹，且斜面也要塗抹。

04 在後側堆疊內餡。
內餡約堆疊在距離蛋糕邊緣 7 公分的地方。

05 堆疊的內餡高度約 3 公分。

06 取長尺，先按壓前端蛋糕體。

07 將烘焙紙向前拉起，以捲起蛋糕體。
小心包住內餡，注意蛋糕是否有順利捲入。

08 用手掌輕輕按壓住蛋糕體，並順勢將蛋糕體往前捲。

09 一手拉取烘焙紙，一手以金屬長尺將蛋糕捲緊。
尺往身體方向，拉紙的那手往前。
一邊拉緊，一邊確認餡料是否有溢出。

10 捲起後，以綁線輕綁蝴蝶結，以固定蛋糕捲。

11 如圖，蛋糕捲完成，可放入冰箱冷藏定型。

蔥花肉鬆蛋糕捲

GREEN ONION & PORK FLOSS CAKE ROLL

戚風蛋糕體作法

材料 INGREDIENTS

麵糊

① 牛奶 40g
② 奶油 51g（軟化）
③ 米穀粉 55g
④ 蛋黃 53g
⑤ 全蛋 27g
⑥ 蛋白 111g（冷藏）
⑦ 細砂糖 61g
⑧ 綠蔥花 15g
⑨ 肉鬆 a 50g

餡料

⑩ 沙拉醬 40g
⑪ 肉鬆 b 50g

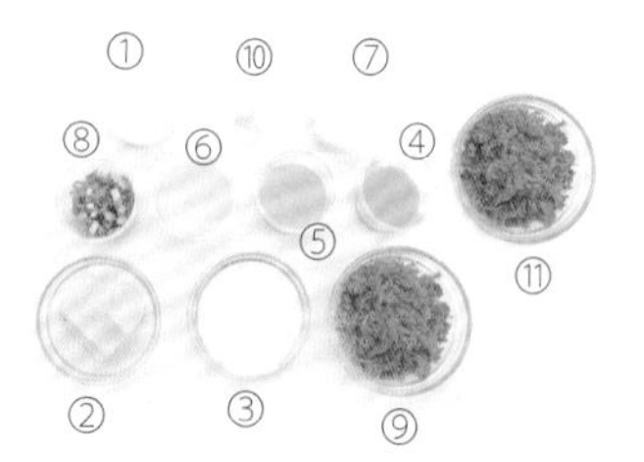

蔥花肉鬆蛋糕捲
製作影片 QRcode

工具 TOOLS

方型烤盤（29×29cm）、瓦斯爐、厚底單柄鍋、電動打蛋器、打蛋器、鋼盆、刮刀、烘焙紙、刮板、L 型抹刀、鋸齒麵包刀、長尺、綁線 20cm、篩網

步驟說明 STEP BY STEP

前置作業

01 預熱烤箱。

02 將米穀粉過篩。

03 剪裁長約 31cm 寬約 31cm 烘焙紙，並鋪在烤盤上。

04 蛋白須預先冷藏，勿混入蛋黃，否則會影響打發。

05 奶油預先放至常溫。

麵糊製作

06 將牛奶與奶油倒入厚底單柄鍋，並以瓦斯爐加熱至 70℃後，關火。
約至鍋邊冒泡即可關火。

07 加入已過篩的米穀粉快速拌勻後，倒入另一個容器盛裝。
置換容器可使麵糊散熱。
因米穀粉易結粒，所以倒入時要快速拌開。

08 加入全蛋與蛋黃，並快速拌勻，即初步完成麵糊。

麵糊製作

09 將蛋白倒入鋼盆，細砂糖加入打發成蛋白霜。

蛋白霜作法可參考 P.54。

10 取 1/2 的蛋白霜並加入麵糊，以刮刀或打蛋器拌勻。

11 倒入另一半蛋白霜輕輕攪拌，即完成麵糊製作。

此步驟盡量避免麵糊消泡。

烘烤

12 將麵糊倒入烤盤後以刮板抹平，均勻撒上綠蔥花、肉鬆 a。

綠色蔥花比白色蔥花更添香氣。

13 放入預熱好的烤箱，以上火 190℃／下火 170℃，烤約 17 分鐘。

14 出爐後立刻取下底部烘焙紙，放涼，即完成蛋糕捲主體。

內餡製作及組裝

15 取蛋糕捲主體，並在表面均勻塗抹沙拉醬。

將有肉鬆蔥花的烤焙面朝下。

16 將肉鬆 b 撒在沙拉醬上方，即完成內餡製作。

肉鬆量可依個人喜好調整。

17 將蛋糕捲捲起，冷藏定型，即可食用。

捲蛋糕捲方法可參考 P.56。

10

11

12

芝麻蛋糕捲

BLACK SESAME CAKE ROLL

分蛋海綿蛋糕體作法

材料 INGREDIENTS

麵糊

① 全蛋 25g
② 蛋黃 40g
③ 細砂糖 a 25g
④ 蛋白 90g（冷藏）
⑤ 細砂糖 b 35g
⑥ 米穀粉 65g
⑦ 芝麻粉 25g

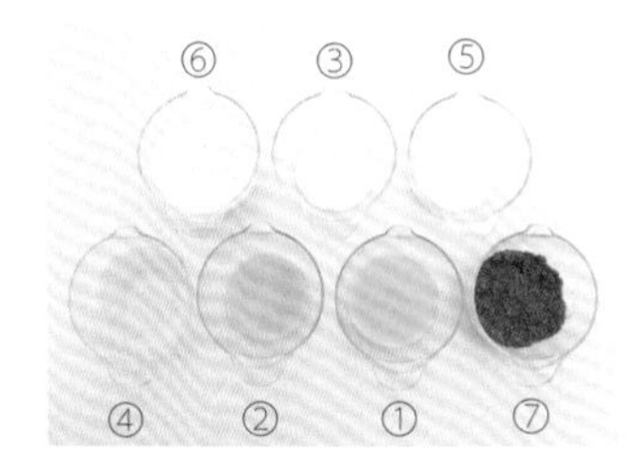

芝麻蛋糕捲
製作影片 QRcode

內餡

⑧ 動物性鮮奶油 250g（冷藏）
⑨ 細砂糖 c 25g
⑩ 黑芝麻醬 60g

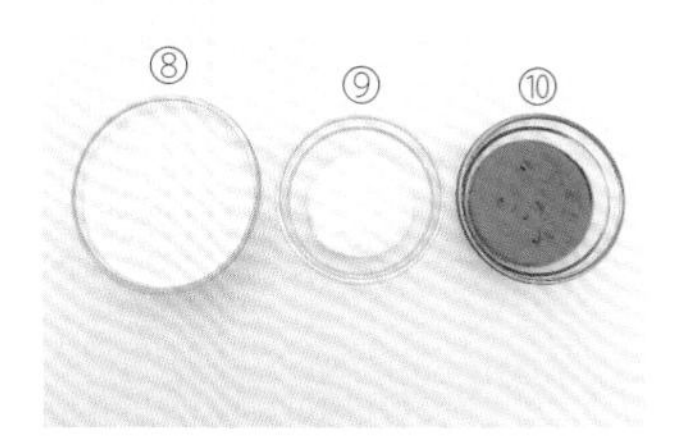

工具 TOOLS

方型烤盤（29×29cm）、電動打蛋器、鋼盆、刮刀、烘焙紙、刮板、鋸齒麵包刀、L 型抹刀、長尺、綁線 20cm、篩網

步驟說明 STEP BY STEP

前置作業

01 預熱烤箱。

02 將米穀粉、芝麻粉過篩。

03 剪裁長約 31cm 寬約 31cm 烘焙紙，並鋪在烤盤上。

04 蛋白預先冷藏，勿混入蛋黃，否則會影響打發。

05 奶油預先放至常溫。

麵糊製作

06 將全蛋、蛋黃與細砂糖 a 倒入鋼盆打發變白。
全蛋打發作法可參考 P.50。

07 將蛋白倒入鋼盆，細砂糖 b 分三次加入打發成蛋白霜。
蛋白霜作法可參考 P.54。

麵糊製作

08 取 1/2 的蛋白霜並加入蛋黃糊中，以刮刀切拌均勻。

09 加入剩餘 1/2 的蛋白霜切拌均勻。

10 加入過篩後的米穀粉與芝麻粉拌勻，即完成芝麻麵糊。

烘烤

11 將芝麻麵糊倒入烤盤後，以刮板抹平。

12 放入預熱好的烤箱，以上火 190℃／下火 195℃，烤約 17 分鐘。

13 出爐後立刻取下底部烘焙紙，放涼，即完成蛋糕捲主體。

內餡製作及組裝

14 將動物性鮮奶油與細砂糖 c 混合後，隔冰水，取電動打蛋器以中高速打至 7 分發，直至呈現奶昔狀。

15 加入黑芝麻醬，先不開電源，取電動打蛋器以同方向攪拌到顏色均勻後，再開啟電源打至 9 分發，即完成芝麻餡。

16 取蛋糕捲主體，在表面均勻塗抹芝麻餡，再於後側堆疊內餡後，捲起，冷藏定型即可。

捲蛋糕捲方法可參考 P.56。

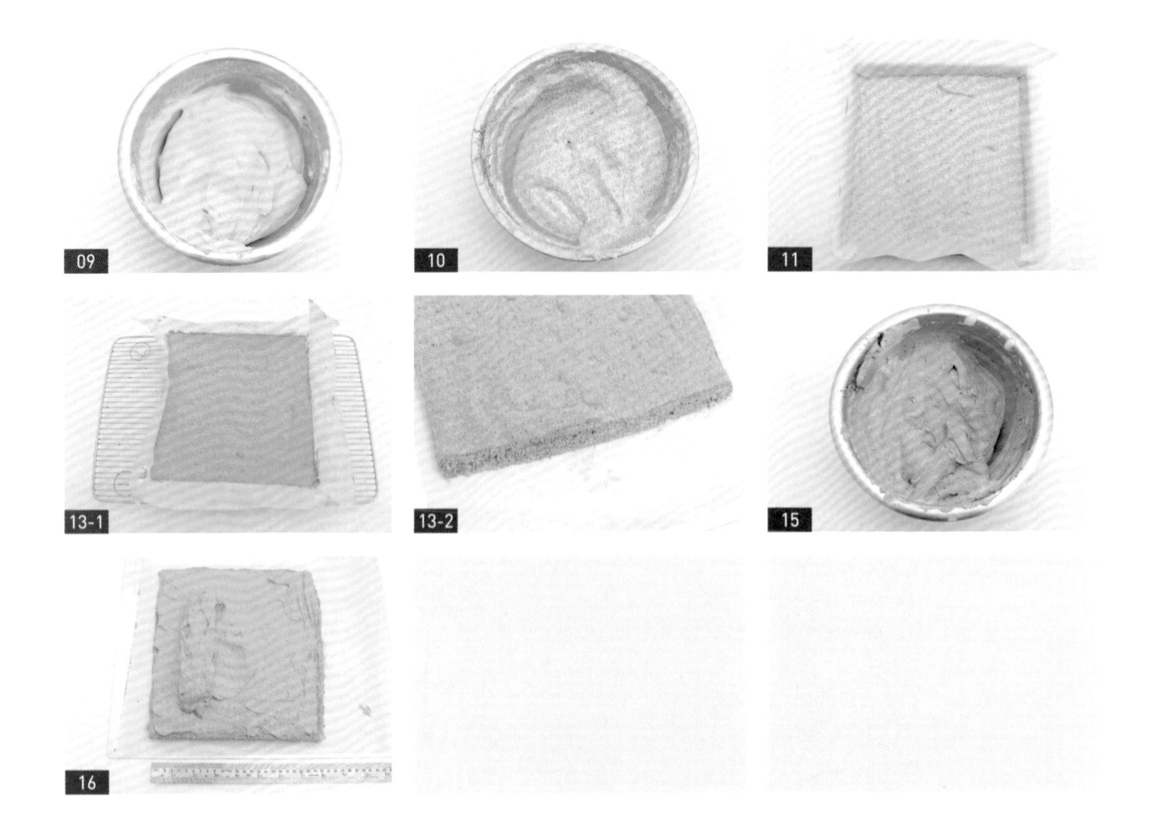

咖啡核桃蛋糕捲

COFFEE & WALNUT CAKE ROLL

分蛋海綿蛋糕體作法

材料 INGREDIENTS

麵糊

① 牛奶 a 44g
② 奶油 a 25g
③ 即溶咖啡粉 a 5g
④ 蛋黃 a 50g
⑤ 蛋白 100g（冷藏）
⑥ 細砂糖 a 60g
⑦ 米穀粉 70g
⑧ 細砂糖 b 30g

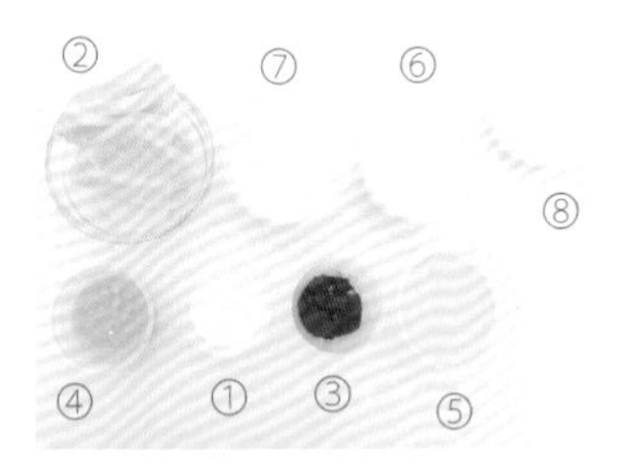

咖啡核桃蛋糕捲
製作影片 QRcode

內餡

⑨ 牛奶 b 65g
⑩ 即溶咖啡粉 b 8g
⑪ 蛋黃 b 65g
⑫ 細砂糖 c 47g
⑬ 奶油 b 220g
⑭ 咖啡酒 10g
⑮ 蜜核桃 150g

工具 TOOLS

方型烤盤（29×29cm）、瓦斯爐、厚底單柄鍋、電動打蛋器、鋼盆、刮刀、烘焙紙、鋸齒麵包刀、L 型抹刀、長尺、綁線 20cm、篩網、微波爐、刮板

步驟說明 STEP BY STEP

前置作業

01 預熱烤箱。

02 將米穀粉過篩。

03 剪裁長約 31cm 寬約 31cm 烘焙紙，並鋪在烤盤上。

04 蛋白預先冷藏，勿混入蛋黃，否則會影響打發。

麵糊製作

05 將牛奶 a、奶油 a 與即溶咖啡粉 a 混合後，以微波爐加熱 30 ～ 40 秒，直至奶油 a 融化，備用。

06 將蛋黃 a 與細砂糖 b 高速打發變白。

07 將蛋白倒入鋼盆，細砂糖 a 分三次加入打發成蛋白霜。
蛋白霜作法可參考 P.54。

麵糊製作

08 取 1/2 的蛋白霜與打發的蛋黃切拌至 8 分勻。

09 加入已過篩的米穀粉拌至無顆粒，再將剩餘 1/2 的蛋白霜加入拌勻。

10 取 1/3 的麵糊並加入溶化的步驟 5 材料，以刮刀切拌均勻。

11 承步驟 10，切拌均勻後，再倒回 2/3 的麵糊中切拌均勻，即完成咖啡麵糊製作。

烘烤

12 將咖啡麵糊倒入烤盤後以刮板抹平。

13 放入預熱好的烤箱，以上火 190℃／下火 195℃，烤約 17 分鐘。

14 出爐後立刻取下底部烘焙紙，放涼，即完成蛋糕捲主體。

內餡製作及組裝

15 同時
將即溶咖啡粉 b 及牛奶 b 倒入鍋中，拌開後，加熱至鍋邊冒泡，即完成咖啡牛奶。
將蛋黃 b 與細砂糖 c 高速打發、變白，將咖啡牛奶慢慢加入，以電動打蛋器打至完全涼。

16 加入 1/3 的奶油 b，並將電動打蛋器調成中速後攪拌均勻。

17 一邊攪打，一邊分次加入剩下 2/3 的奶油 b，拌勻至呈奶油霜狀。

18 倒入咖啡酒，拌勻。

19 分次加入蜜核桃，並以刮刀攪拌均勻，即完成內餡。

20 取蛋糕捲主體，並先在表面均勻塗抹內餡，再於後側堆疊內餡。

21 將蛋糕捲捲起，冷藏定型，即可食用。
捲蛋糕捲方法可參考 P.56。

14

15-1

15-2

焦糖蛋糕捲

CARAMEL CAKE ROLL

戚風蛋糕體作法

材料 INGREDIENTS

麵糊

① 牛奶 a 10g
② 奶油 28g（軟化）
③ 蛋黃 47g
④ 全蛋 40g
⑤ 蛋白 95g（冷藏）
⑥ 細砂糖 a 40g
⑦ 米穀粉 43g
⑧ 牛奶 b 30g

焦糖蛋糕捲
製作影片 QRcode

餡料

⑨ 細砂糖 b 50g
⑩ 動物性鮮奶油 a 80g
⑪ 動物性鮮奶油 b 250g（冷藏）

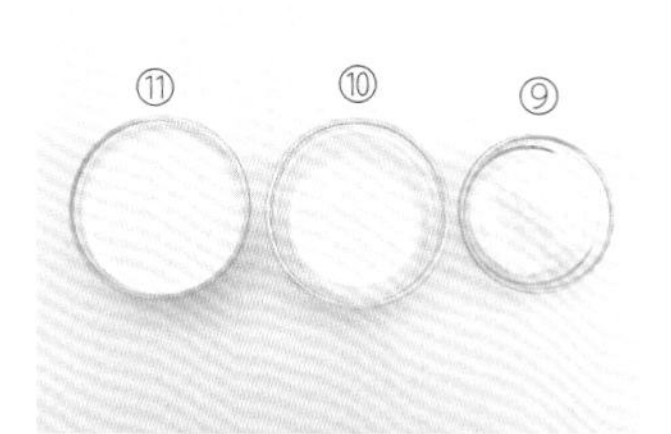

工具 TOOLS

方型烤盤（29×29cm）、瓦斯爐、厚底單柄鍋、電動打蛋器、打蛋器、鋼盆、刮刀、烘焙紙、刮板、鋸齒麵包刀、L 型抹刀、長尺、綁線 20cm、篩網

步驟說明 STEP BY STEP

前置作業

01 預熱烤箱。

02 將米穀粉過篩。

03 剪裁長約 31cm 寬約 31cm 烘焙紙，並鋪在烤盤上。

04 將動物性鮮奶油 a 預先加熱至 60 ～ 70℃，備用。

05 在製作內餡前，先準備一鍋冰水備用。

06 蛋白預先冷藏，勿混入蛋黃，否則會影響打發。

07 奶油預先放至常溫。

08 焦糖鮮奶油切記不可常溫擺放，以免導致酸敗，一定要冷藏保存。

麵糊製作

09 將牛奶 a 與奶油倒入厚底單柄鍋，加熱至鍋邊冒泡後，關火。

10 加入已過篩的米穀粉並拌勻後，再開小火，再以刮板翻拌至鍋底結皮，加入牛奶 b 拌勻後，倒入另一鋼盆中。

因米穀粉易熟，關火後再加入攪拌，約攪拌 10 ～ 15 秒。
換鍋以防溫度過高，導致水分喪失。

11 加入蛋黃拌勻。

12 加入全蛋拌勻。

13 將麵糊過篩，備用。

若拌好沒有結粒現象，此步驟可以省略。

14 將蛋白與細砂糖 a 倒入鋼盆打發至蛋白霜。

蛋白霜作法可參考 P.54。

15 取 1/2 的蛋白霜並加入麵糊中，以刮刀切拌均勻。

16 重複步驟 15，加入剩餘 1/2 的蛋白霜，並切拌拌勻，即完麵糊製作。

烘烤

17 將麵糊倒入烤盤後以刮板抹平。

18 放入預熱好的烤箱，以上火 190℃／下火 195℃，烤約 17 分鐘。

19 出爐後立刻取下底部烘焙紙，放涼，即完成蛋糕捲主體。

內餡製作及組裝

20 取細砂糖 b，並分次放入鍋中加熱至細砂糖 b 呈現咖啡色後，稍微搖晃鍋子，使上色更均勻。

勿攪拌，攪拌會使砂糖產生反沙結晶。
分次倒入細砂糖時，要等鍋中的糖稍微溶化後，再加下次的糖。
焦糖建議可煮焦一點，在之後與動物性鮮奶油混合打發後，焦糖味會較明顯。

21 加入動物性鮮奶油 a，並加熱到 70℃後，關火。

22 將焦糖鍋放入冰塊水中，降溫到完全涼，即完成焦糖醬。

23 準備一個空鍋，並倒入動物性鮮奶油 b。

24 加入焦糖醬，並以刮刀拌勻。

勿用打蛋器。

25 倒入可密封的容器中，冷藏並靜置一晚，即完成焦糖鮮奶油。

因剛與焦糖拌好的鮮奶油不穩定，須冷藏靜置一晚再打發。

26 將焦糖鮮奶油倒入鍋中，隔冰水，取電動打蛋器以中高速打發，即完成內餡製作。

27 取蛋糕捲主體，並先在表面均勻塗抹內餡，再於後側堆疊內餡。

28 將蛋糕捲捲起，冷藏定型，即可食用。

捲蛋糕捲方法可參考 P.56。

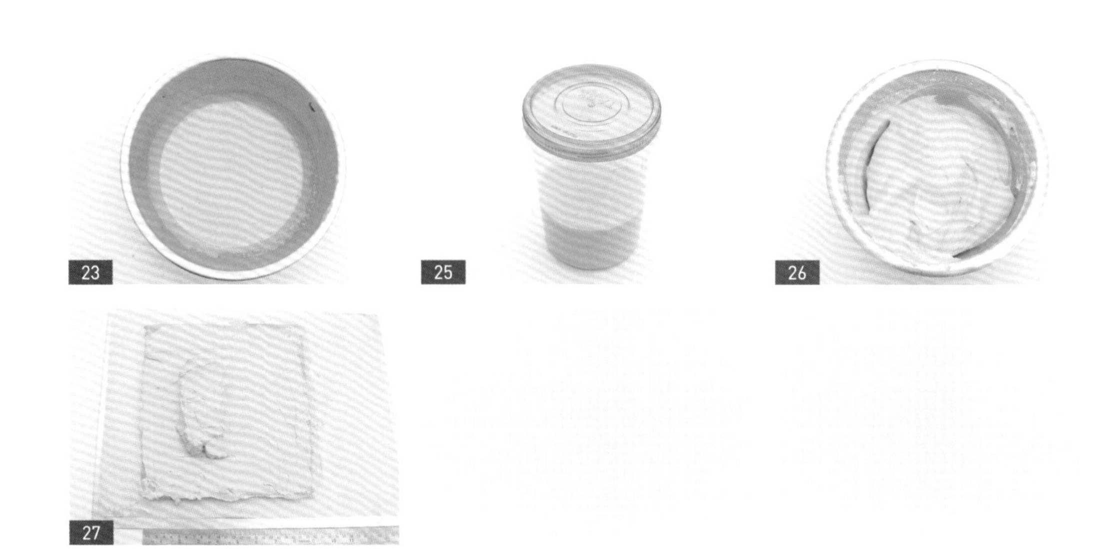

乳酪蛋糕捲

CHEESE CAKE ROLL

分蛋海綿蛋糕體作法

材料 INGREDIENTS

麵糊

① 牛奶 a 35g
② 奶油 a 40g（軟化）
③ 奶油乳酪 60g
④ 蛋黃 a 120g
⑤ 細砂糖 a 60g
⑥ 蛋白 180g（冷藏）
⑦ 細砂糖 b 85g
⑧ 米穀粉 a 70g
⑨ Padano cheese 適量

內餡

⑩ 牛奶 b 133g
⑪ 豆莢 1/3 條
⑫ 蛋黃 b 33g
⑬ 細砂糖 c 19g
⑭ 米穀粉 b 13g
⑮ 動物性鮮奶油 200g（冷藏）
⑯ 細砂糖 d 20g
⑰ 奶油 b 13g
⑱ 蘭姆酒 20g

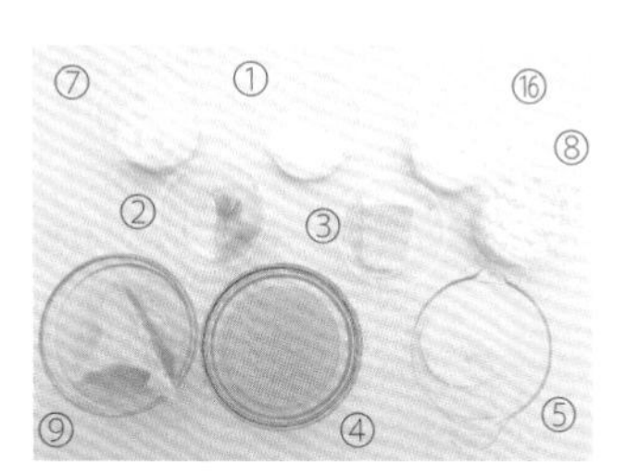

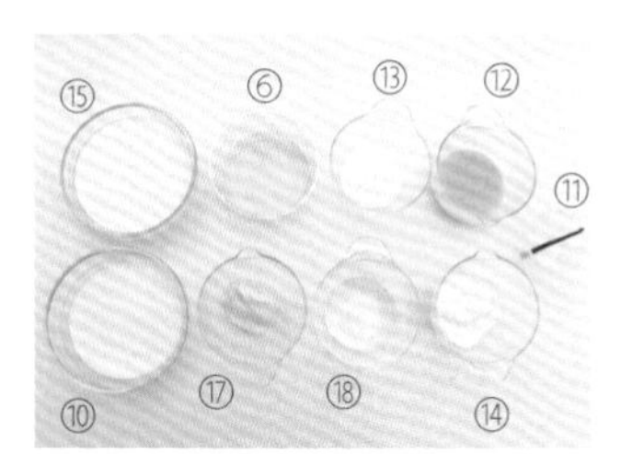

乳酪蛋糕捲
製作影片 QRcode

工具 TOOLS

方型烤盤（29×29cm）、瓦斯爐、厚底單柄鍋、電動打蛋器、打蛋器、鋼盆、刮刀、烘焙紙、刮板、鋸齒麵包刀、L 型抹刀、刨刀器、水果刀、長尺、綁線 20cm、保鮮膜、篩網

步驟說明 STEP BY STEP

前置作業

01 預熱烤箱。

02 豆莢以刀剖開後去籽。

03 將米穀粉過篩。

04 剪裁長約 31cm 寬約 31cm 烘焙紙，並鋪在烤盤上。

05 蛋白預先冷藏，勿混入蛋黃，否則會影響打發。

06 奶油預先放至常溫。

麵糊製作

07 奶油 a、牛奶 a 與奶油乳酪混合後，加熱至融化，完成牛奶乳酪糊，備用。

08 將蛋黃 a 與細砂糖 a 高速打發變白，即完成蛋黃糊。

09 將蛋白倒入鋼盆，細砂糖 b 分三次加入打發成蛋白霜。
蛋白霜作法可參考 P.54。

10 將 1/2 的蛋白霜加入蛋黃糊中，以刮刀稍微切拌。

11 加入已過篩米穀粉 a，以刮刀切拌均勻，直到呈現半流動的狀態。

12 加入剩下 1/2 的蛋白霜，切拌至 8 分勻，再加入牛奶乳酪糊，即完成麵糊。

烘烤

13 將麵糊倒入烤盤後，以刮板抹平。

14 以刨刀器為輔助，在麵糊表面撒上 Padano cheese。

15 放入預熱好的烤箱，以上火 190℃／下火 195℃，烤約 17 分鐘。

16 出爐後立刻取下底部烘焙紙，放涼，即完成蛋糕捲主體。

內餡製作

17 將牛奶 b 與豆莢加熱備用。

18 將蛋黃 b、細砂糖 c 與過篩後的米穀粉 b 倒入鋼盆內，以打蛋器拌勻。

19 加入加溫好的牛奶 b 與豆莢一邊攪拌，一邊沖入後拌勻。

20 以篩網將拌勻的步驟 19 的材料過篩至厚底單柄鍋內後，以瓦斯爐加熱，以刮刀一邊均勻攪拌一邊煮至濃稠，關火。

21 加入入奶油 b 拌勻，即完成卡士達醬。
趁熱加入奶油，會較好攪拌。

內餡製作

22 將卡士達醬表面覆蓋並貼緊保鮮膜，放涼，以避免水蒸氣滴入，導致卡士達醬易變質酸敗。

23 將動物性鮮奶油與細砂糖 d 混合後，隔冰水，取電動打蛋器以中高速打至約 6 分發呈現奶昔狀。

24 以刮刀為輔助，將卡士達醬分小塊放入後，取電動打蛋器以不開機狀態拌開。

25 取電動打蛋器以中高速打至約 9 分發後，加入蘭姆酒拌勻。

組裝

26 取蛋糕捲主體，並先在表面均勻塗抹內餡，再於後側堆疊內餡。

27 將蛋糕捲捲起，冷藏定型，即可食用。
捲蛋糕捲方法可參考 P.56。

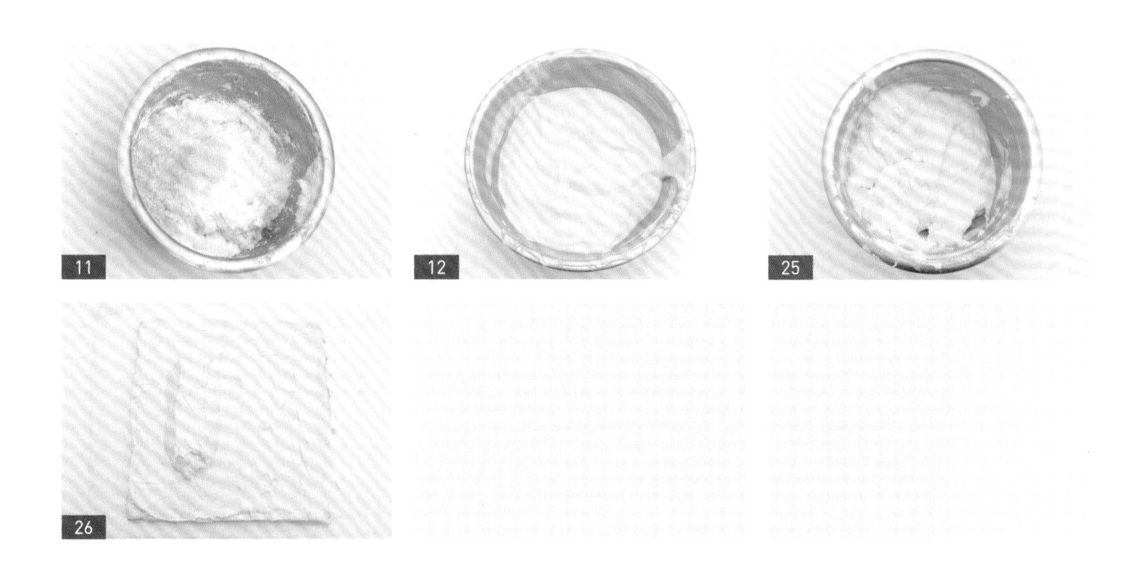

巧克力藍莓蛋糕捲

CHOCOLATE & BLUEBERRY CAKE ROLL

戚風蛋糕體作法

材料 INGREDIENTS

麵糊

① 蛋黃 52g
② 細砂糖 a 26g
③ 蛋白 105g（冷藏）
④ 細砂糖 b 55g
⑤ 牛奶 63g
⑥ 葡萄籽油 26g
⑦ 可可粉 9g
⑧ 米穀粉 52g

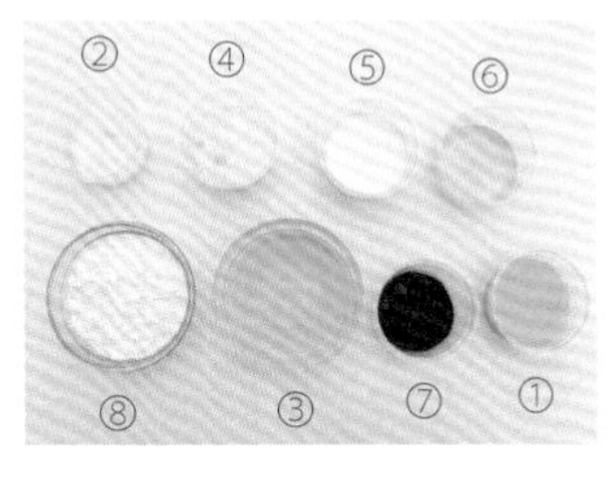

巧克力藍莓蛋糕捲
製作影片 QRcode

餡料

⑨ 動物性鮮奶油 200g（冷藏）
⑩ 藍莓醬 30g

工具 TOOLS

方型烤盤（29×29cm）、瓦斯爐、厚底單柄鍋、電動打蛋器、打蛋器、鋼盆、刮刀、烘焙紙、刮板、鋸齒麵包刀、L 型抹刀、長尺、綁線 20cm、篩網

步驟說明 STEP BY STEP

前置作業

01 預熱烤箱。

02 將米穀粉過篩。

03 剪裁長約 31cm 寬約 31cm 烘焙紙，並鋪在烤盤上。

04 蛋白預先冷藏，勿混入蛋黃，否則會影響打發。

麵糊製作

05 將蛋黃與細砂糖 a 拌勻。

06 加入牛奶，拌勻，即完成蛋黃糊。

07 取厚底單柄鍋，並倒入葡萄籽油後加熱，待冒煙後，關火加入可可粉，快速拌勻。

記得須先關火再倒入可可粉，避免可可粉燒焦，會有苦味。

08 將步驟 7 拌勻材料，趁熱倒入蛋黃糊中，拌勻。

09 加入已過篩的米穀粉，拌勻，即完成可可麵糊。

07

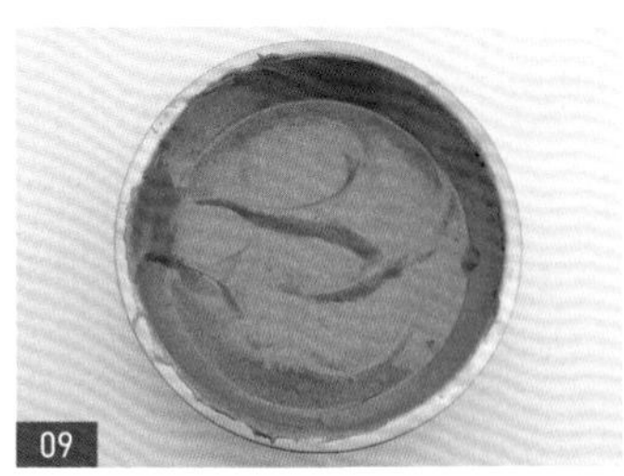
09

麵糊製作

10　將蛋白倒入鋼盆，細砂糖 b 分三次加入打發成蛋白霜。
蛋白霜作法可參考 P.54。

11　將 1/2 的蛋白霜加入可可麵糊中，以刮刀稍微切拌。

12　加入剩下 1/2 的蛋白霜，並切拌均勻，即完成麵糊。

烘烤

13　將麵糊倒入烤盤後以刮板抹平。

14　放入預熱好的烤箱，以上火 200℃／下火 160℃，烤約 15 分鐘。

15　出爐後立刻取下底部烘焙紙，放涼，即完成蛋糕捲主體。

內餡製作及組裝

16　將動物性鮮奶油隔冰水，取電動打電器以中高速打至 6 分發呈現奶昔狀。

17　加入藍莓果醬後，先取電動打蛋器以不開機狀態拌開，再改以中速打發至 9 分發，即完成內餡製作。

18　取蛋糕捲主體，並先在表面均勻塗抹內餡，再於後側堆疊內餡。

19　將蛋糕捲捲起，冷藏定型，即可食用。
捲蛋糕捲方法可參考 P.56。

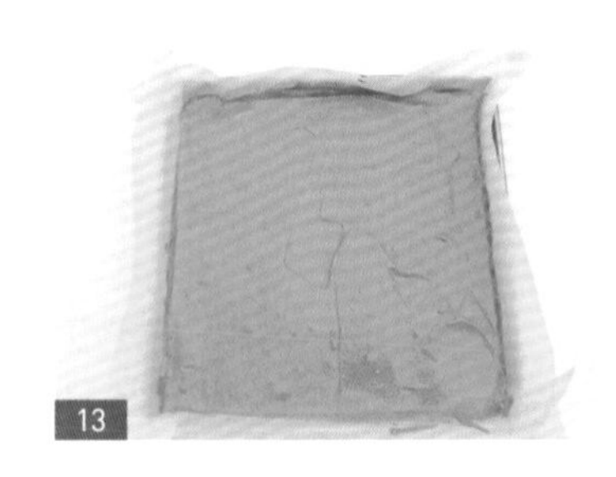
13

17

18

CHAPTER 04

磅蛋糕

POUND CAKE

ARTICLE 01

磅蛋糕基底糊製作

· 步驟說明 STEP BY STEP ·

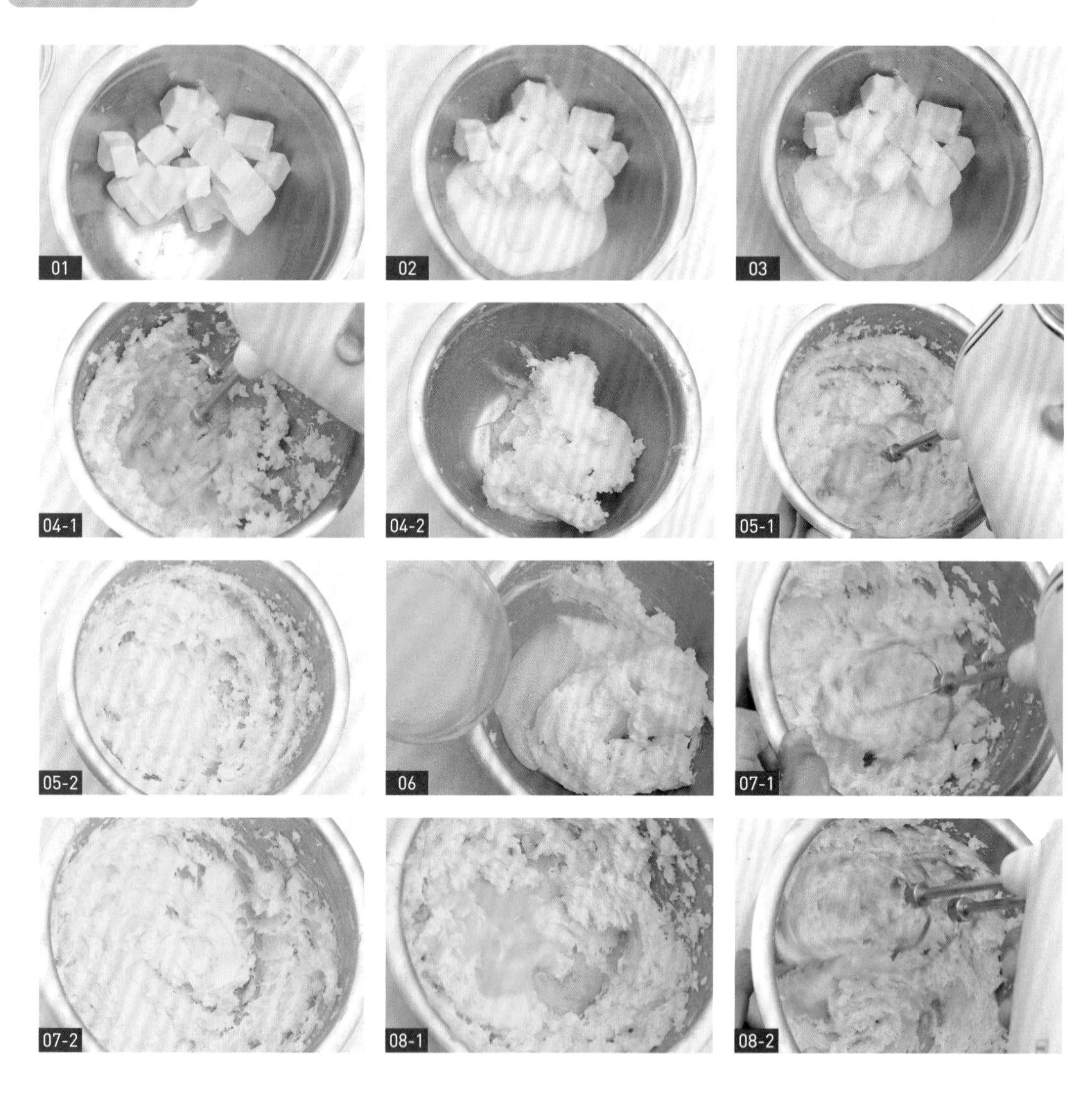

01 取一鋼盆倒入奶油。

02 加入細砂糖。

03 加入玉米糖漿。

04 取電動打蛋器以低速打軟。

05 再調為高速打發變白。

06 倒入 1/3 的全蛋。

蛋液分三次倒入，每次倒入都要確實將蛋液與奶油拌勻，才能再倒下一次。

07 取電動打蛋器以高速打勻。

08 重複步驟 6-7，分次將全蛋倒入後，攪拌均勻。

09 倒入 1/2 的蛋黃。

10 取電動打蛋器以高速打勻。

11 重複步驟 9-10，分次將蛋黃倒入後，攪拌均勻。

12 倒入已過篩米穀粉。

13 倒入已過篩杏仁粉。

14 取電動打蛋器以低速拌勻。

15 如圖，磅蛋糕基底糊製作完成。

TIP

- 容器及機器都要保持清潔，沒有殘留水分、油脂。
- 奶油預先放至常溫，軟化備用。（圖 1）
- 不同電動打蛋器馬力不一樣，需要的時間也不同。

奶油軟化狀態（圖 1）

ARTICLE

02 烘焙紙入烤模方法

・步驟說明 STEP BY STEP・

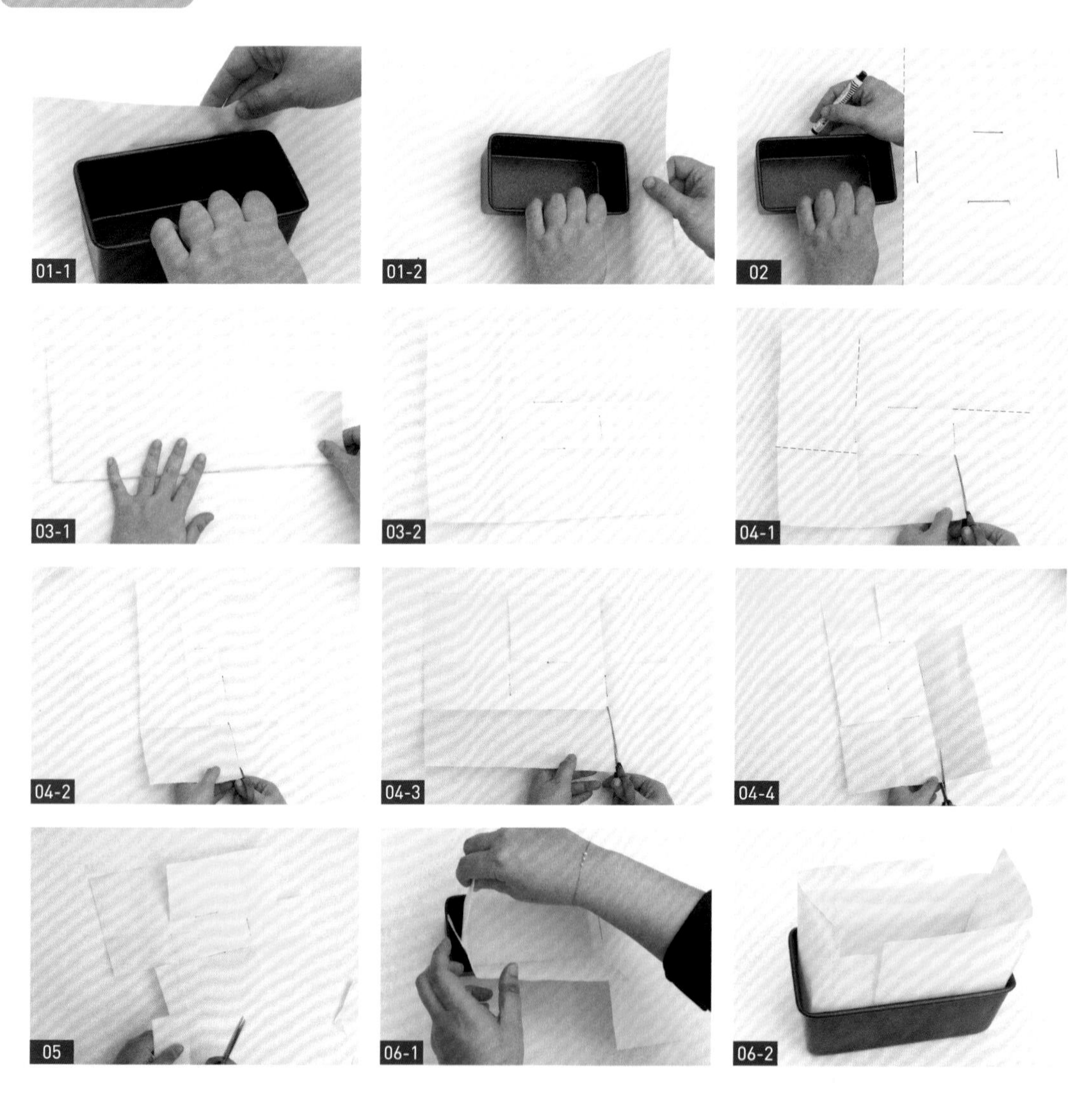

01 取長方形烤模測量烘焙紙長和寬，烘焙紙須高於烤模約 10 公分。

02 在烤模四周做記號。

03 以記號線為基準，摺出四條摺痕。

04 以剪刀剪開圖上虛線處。

05 以剪刀剪去彎折處多餘的紙。

以摺起後紙不會卡住為基準。

06 摺起後放入烤模即可。

布朗尼

CHOCOLATE BROWNIE

材料 INGREDIENTS

麵糊

① 細砂糖 a 10g
② 蘭姆酒 10g
③ 核桃 117g
④ 奶油 128g（軟化）
⑤ 玉米糖漿 a 20g
⑥ 細砂糖 b 117g
⑦ 全蛋 107g（常溫）
⑧ 蛋黃 25g（常溫）
⑨ 可可粉 18g
⑩ 杏仁粉 22g
⑪ 米穀粉 a 47g
⑫ 泡打粉 4g

◆ 甘納許 2

⑬ 黑巧克力 a 100g
⑭ 動物性鮮奶油 a 25g

甘納許 1

⑮ 玉米糖漿 b 4g
⑯ 米穀粉 b 10g
⑰ 黑巧克力 b 60g
⑱ 動物性鮮奶油 b 60g

布朗尼
製作影片 QRcode

工具 TOOLS

九宮格烤模、電動打蛋器、鋼盆、刮刀、玻璃碗、擠花袋、矽膠刷、剪刀、篩網、烤箱、烤盤、微波爐

步驟說明 STEP BY STEP

前置作業

01 預熱烤箱。

02 分別過篩泡打粉、米穀粉 a、杏仁粉與可可粉。

03 將米穀粉 b 過篩。

04 蛋黃與全蛋置於室溫下回溫。
太冰在打發時易造成油水分離。

05 奶油提前回溫至軟化備用。

內餡製作（甘納許 1）

06 將黑巧克力 b、動物性鮮奶油 b 與玉米糖漿 b 倒入玻璃容器內。

內餡製作（甘納許 1）

07 以微波爐加熱約 20 ～ 30 秒，並以刮刀攪拌均勻。

注意溫度勿過高，會造成油水分離。

08 加入已過篩的米穀粉 b，以刮刀攪拌均勻，直至呈現光滑狀。

09 倒入擠花袋中，並將尾端打結，稍微降溫至濃稠程度。

10 在烘焙布上擠出球狀巧克力，放置冷凍凝固，即完成甘納許 1 製作。

麵糊製作

11 將核桃、細砂糖 a 與蘭姆酒混合，用手抓拌均勻。

12 平鋪於烤盤上，放入預熱好的烤箱，以上火 180℃／下火 180℃，烤約 5 分鐘。

◆ 甘納許 2

13 將黑巧克力 a 與動物性鮮奶油 a 倒入玻璃碗內。

14 以微波爐加熱約 20 ～ 30 秒，並以刮刀攪拌均勻後，即完成甘納許 2，備用。

若巧克力仍是固體的狀態，可再次加熱，直至巧克力融化，但不可過度加熱，以免巧克力燒焦，或造成油水分離。

15 將奶油、玉米糖漿 a 與細砂糖 b 混合後，取電動打蛋器以高速打發至變白。

奶油打發作法可參考 P.78，中途要一直把麵糊用刮刀集中，再繼續打發。

16 分次倒入全蛋，並取電動打蛋器以高速打勻。

蛋液分三次倒入，每次倒入都要確實將蛋液與奶油拌勻，才能再倒下一次。

17 加入蛋黃，並取電動打蛋器以高速打勻。

麵糊製作

18 倒入已過篩泡打粉、米穀粉 a、杏仁粉與可可粉，取電動打蛋器以低速拌勻。

19 加入甘納許 2，以電動打蛋器打勻。

20 加入烤核桃，以刮刀拌勻。

21 將拌勻材料倒入擠花袋中，並將尾端打結，即完成巧克力麵糊製作。

組合及烘烤

22 在烤盤內均勻刷上奶油。
要仔細刷勻脫模才會好脫。

23 取巧克力麵糊，並將前端擠花袋以剪刀剪一小洞口。

24 在烤盤內擠出約 1/3 量的巧克力麵糊。

25 將甘納許 1 放入巧克力麵糊中間。

26 在烤盤內填滿巧克力麵糊，並覆蓋住甘納許 1。

27 放入預熱好的烤箱，以上火 180℃／下火 180℃，烤約 15 分鐘。

28 出爐後，倒扣脫模放涼後，裝飾，即可食用。

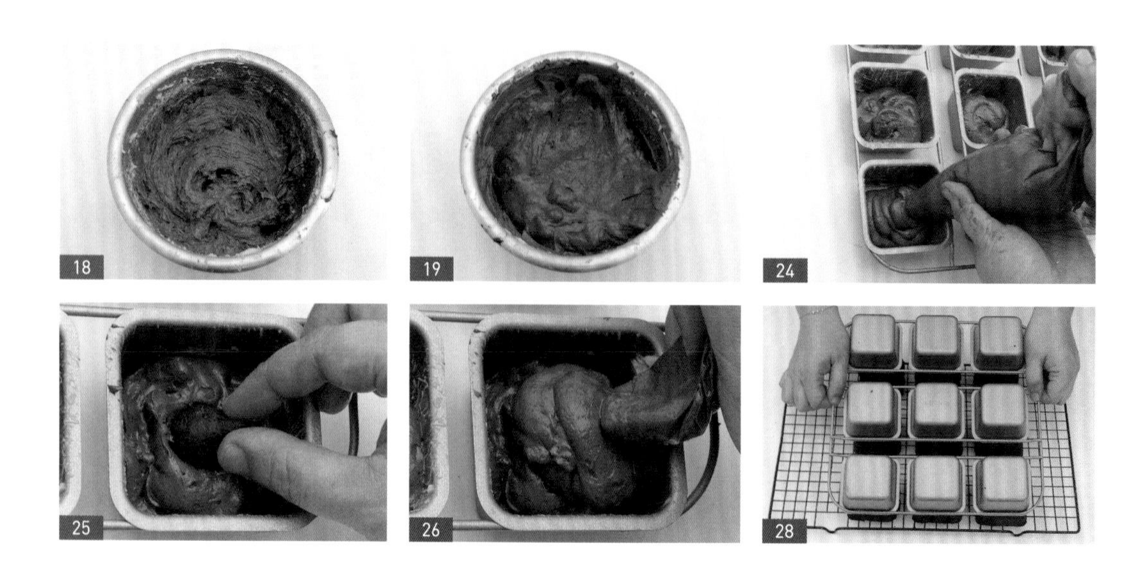

巧克力無花果磅蛋糕

CHOCOLATE & WINE FIG POUND CAKE

材料 INGREDIENTS

麵糊

① 奶油 82g（軟化）
② 細砂糖 52g
③ 海藻糖 17g
④ 蛋黃 34g（常溫）
⑤ 全蛋 55g（常溫）
⑥ 杏仁粉 25g
⑦ 米穀粉 90g
⑧ 可可粉 12g
⑨ 泡打粉 3 g
⑩ 紅酒 20g

紅酒無花果

⑪ 無花果乾 200g
⑫ 紅酒 400g
⑬ 蜂蜜 40g
⑭ 肉桂半根
⑮ 柳橙皮 1 顆
⑯ 柳橙汁半顆

淋面醬

⑰ 黑巧克力 60g
⑱ 動物性鮮奶油 b 60g
⑲ 碎可可殼適量

甘納許

⑳ 動物性鮮奶油 a 30g
㉑ 55% 巧克力 60g

巧克力無花果磅蛋糕
製作影片 QRcode

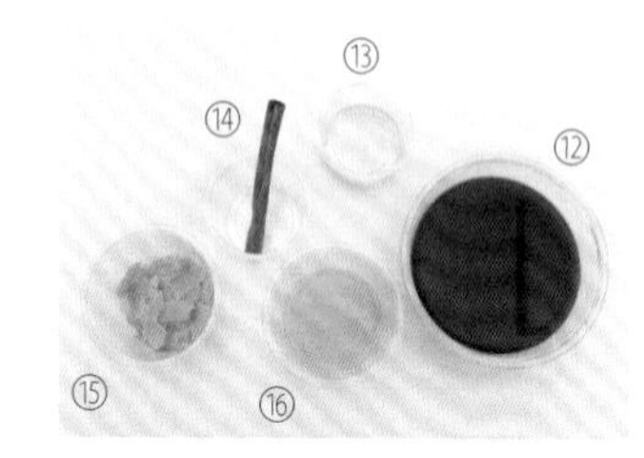

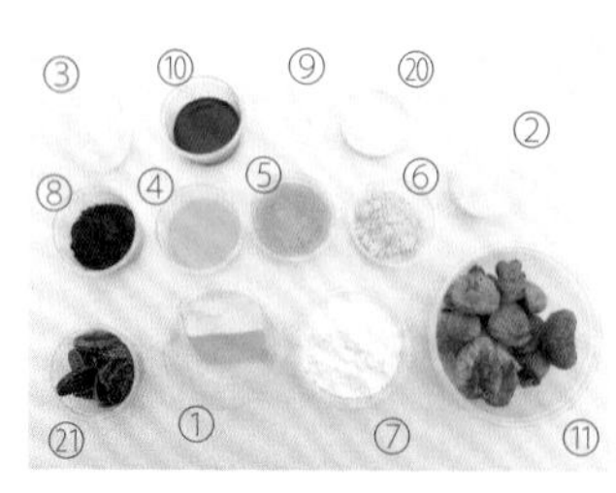

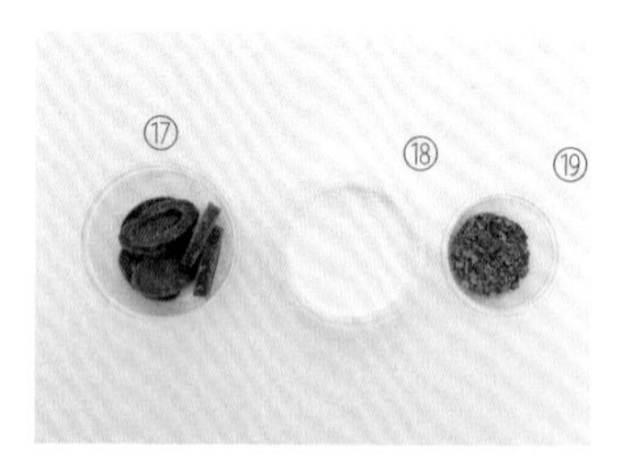

工具 TOOLS

長方形烤模、瓦斯爐、厚底單柄鍋、電動打蛋器、鋼盆、刮刀、剪刀、擠花袋、烘焙紙、玻璃碗、水彩筆、篩網、微波爐

步驟說明 STEP BY STEP

前置作業

01 預熱烤箱。

02 分別過篩泡打粉、杏仁粉、可可粉與米穀粉。

03 在烤模內鋪上烘焙紙。
烘焙紙入烤模方法可參考 P.80。

04 蛋黃與全蛋置於室溫下回溫。
太冰在打發時易造成油水分離。

05 奶油預先回溫軟化備用。

紅酒無花果製作

06 在空鍋中倒入紅酒、柳橙汁、蜂蜜、肉桂、無花果乾、柳橙皮。

07 以小火燉煮約 35 分鐘，放涼，即完成紅酒無花果。

08 將紅酒無花果，剪成小塊，備用。
無花果須先剪蒂頭，再剪成塊狀。

麵糊製作及烘烤

09 將動物性鮮奶油 a 與 55% 巧克力混合。

10 以微波爐加熱約 20 ～ 30 秒，並以刮刀攪拌均勻後，即完成甘納許，備用。
若巧克力仍是固體的狀態，可再次加熱，直至巧克力融化，但不可過度加熱，以免巧克力燒焦，或造成油水分離。

11 將奶油、細砂糖與海藻糖混合，取電動打蛋器以高速打發至變白。
奶油打發作法可參考 P.78。

12 分次倒入全蛋與蛋黃，並取電動打蛋器以高速打勻。
蛋液分三次倒入，每次倒入都要確實將蛋液與奶油拌勻，才能再倒下一次。

13 倒入已過篩泡打粉、杏仁粉、可可粉、米穀粉，取電動打蛋器以低速拌勻。

14 加入紅酒，攪拌均勻。

15 加入甘納許，攪拌均勻。

16 加入 120g 剪成塊狀的紅酒無花果，以刮刀拌勻。

17 將拌勻材料倒入擠花袋中，即完成無花果巧克力麵糊製作。

18 取無花果巧克力麵糊，並將前端擠花袋以剪刀剪一小洞口。
洞口要大一點避免無花果擠不出來。

19 將麵糊擠入模型中，以刮刀將中間壓平，兩側抹高一點。
使中間微凹，烘烤時蛋糕膨脹力會較好。

20 放入預熱好的烤箱，以上火 170℃／下火 180℃，烤約 35 ～ 40 分鐘。

21 出爐後，立刻脫模，將烘焙紙取下，放涼。

淋面醬製作及裝飾

22 將動物性鮮奶油 b 與黑巧克力混合。

23 以微波爐加熱約 20 ～ 30 秒，並以刮刀攪拌均勻。

24 加入碎可可殼，拌勻後，即完成甘納許淋面醬，放涼至 30℃備用。

25 將巧克力淋面醬淋上蛋糕表面。

26 在巧克力淋面醬上放上剩餘剪成塊狀的紅酒無花果，即可食用。
剩餘的紅酒無花果，可視個人喜好擺放。

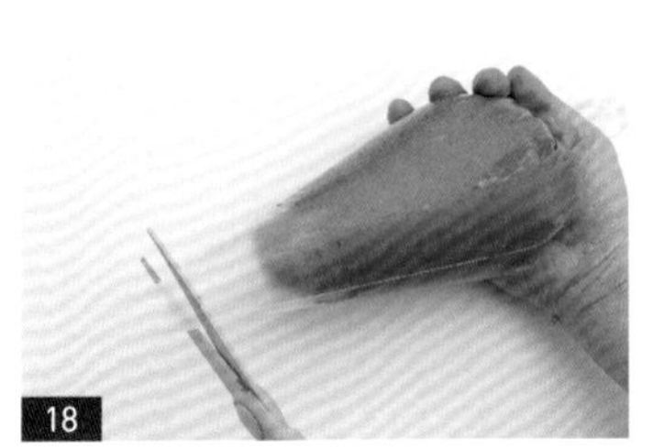
18

19

21

紅茶蘋果磅蛋糕

BLACK TEA& APPLE POUND CAKE

材料 INGREDIENTS

麵糊

① 紅茶 a 2 包
② 牛奶 15g
③ 奶油 a 107g（軟化）
④ 細砂糖 68g
⑤ 海藻糖 23g
⑥ 蛋黃 45g（常溫）
⑦ 全蛋 73g（常溫）
⑧ 米穀粉 110g
⑨ 杏仁粉 30g
⑩ 泡打粉 4g
⑪ 紅茶 b 2 包

肉桂蘋果

⑫ 蘋果 120g（切丁）
⑬ 二號砂糖 40g
⑭ 肉桂粉 2g
⑮ 蜂蜜 2g
⑯ 奶油 b 5g
⑰ 檸檬汁 2g

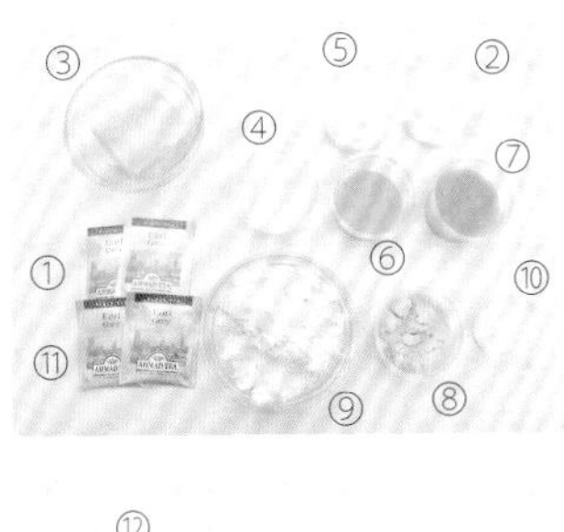

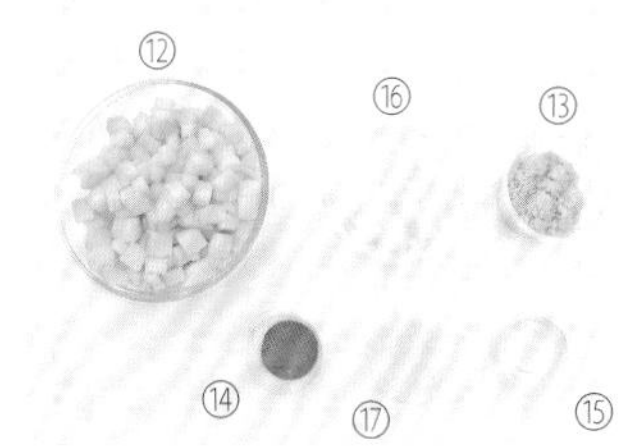

紅茶蘋果磅蛋糕
製作影片 QRcode

工具 TOOLS

九宮格烤模、瓦斯爐、厚底單柄鍋、電動打蛋器、鋼盆、刮刀、剪刀、擠花袋、烘焙紙、玻璃碗、矽膠刷、湯匙、水彩筆、篩網

步驟說明 STEP BY STEP

前置作業

01 預熱烤箱。

02 將紅茶 a 與牛奶放入微波爐中加熱 20 ～ 30 秒，取出後靜置，直至泡出茶味，即完成紅茶牛奶。

03 將杏仁粉、泡打粉與米穀粉過篩。

04 蛋黃與全蛋置於室溫下回溫。
太冰在打發時易造成油水分離。

05 奶油預先回溫軟化。

肉桂蘋果製作

06 將蘋果與二號砂糖倒入空鍋中，煮至蘋果呈微透明狀。
約 5 分鐘，煮至水分收乾。

07 加入肉桂粉、蜂蜜、檸檬汁、奶油 b，稍微煮一下，拌勻，即完成肉桂蘋果，放涼備用。

麵糊製作

08 將奶油 a、海藻糖與細砂糖倒入鋼盆中，取電動打蛋器以高速打發至變白。
奶油打發作法可參考 P.78。

麵糊製作

09 分次倒入全蛋與蛋黃，並取電動打蛋器以高速打勻。
蛋液分三次倒入，每次倒入都要確實將蛋液與奶油拌勻，才能再倒下一次。

10 倒入已過篩杏仁粉、泡打粉、米穀粉，取電動打蛋器以低速拌勻。

11 倒入紅茶牛奶，再用手擠出茶包中的茶湯後，攪拌均勻。

12 加入肉桂蘋果。
可預留些許肉桂蘋果用於裝飾。

13 將紅茶 b 濾袋剪開後，加入紅茶葉，並以刮刀拌勻。

14 將拌勻材料倒入擠花袋中，即完成紅茶蘋果麵糊製作。

組合及烘烤

15 在烤盤內均勻刷上奶油。
要仔細刷勻才會好脫模。

16 取紅茶蘋果麵糊，並將前端擠花袋以剪刀剪一小洞口。

17 將紅茶蘋果麵糊平均擠入模型中。

18 放入預熱好的烤箱，以上火 180℃／下火 190℃，烤約 25 分鐘。

19 出爐後，倒扣脫模，放涼。

20 在蛋糕上放上肉桂蘋果裝飾後，即可食用。

大理石紋磅蛋糕

MARBLE-CHOCOLATE POUND CAKE

材料 INGREDIENTS

① 奶油 105g（軟化）
② 糖粉 112g
③ 鹽 1g
④ 全蛋 97g（常溫）
⑤ 蛋黃 13g（常溫）
⑥ 牛奶 a 30g（常溫）
⑦ 米穀粉 131g
⑧ 泡打粉 4g
⑨ 牛奶 b 12g（常溫）
⑩ 可可粉 8g

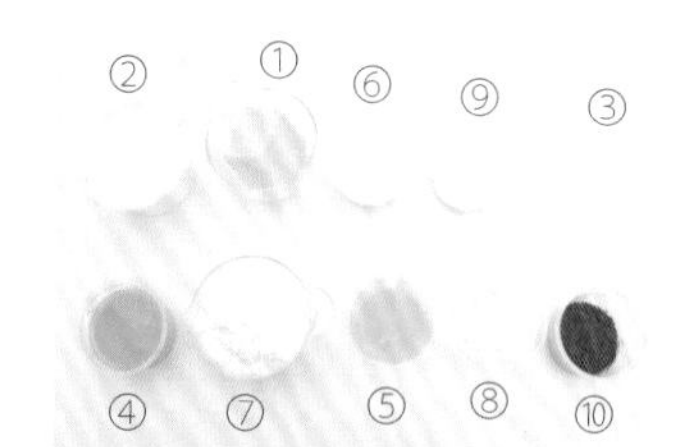

大理石紋磅蛋糕
製作影片 QRcode

工具 TOOLS

長方形烤模、電動打蛋器、打蛋器、鋼盆、刮刀、烘焙紙、電子秤、篩網

步驟說明 STEP BY STEP

前置作業

01 預熱烤箱。

02 分別過篩可可粉、米穀粉與泡打粉。

03 在烤模內鋪上烘焙紙。
烘焙紙入烤模方法可參考 P.80。

04 蛋黃與全蛋置於室溫下回溫。
太冰在打發時易造成油水分離。

05 牛奶 b 要置於室溫下回溫。
太冰在打發時易造成油水分離。

06 奶油預先回溫軟化備用。

麵糊製作

07 將奶油、鹽與糖粉混合後，取電動打蛋器以高速打發至變白。
奶油打發作法可參考 P.78。

08 分次倒入全蛋與蛋黃，並取電動打蛋器以高速打勻。
蛋液分三次倒入，每次倒入都要確實將蛋液與奶油拌勻，才能再倒下一次。

09 加入牛奶 a，並取電動打蛋器攪拌均勻。

10 分次加入已過篩的米穀粉和泡打粉，並取電動打蛋器以高速打勻，即完成白色麵糊。

11 將牛奶 b 與可可粉拌勻，即完成可可醬。

12 取 96g 白色麵糊，加入可可醬中，並以刮刀拌勻，即完成黑色麵糊。

烘烤及裝飾

13 以刮刀為輔助將白色麵糊，平鋪在烤模底部。

14 以刮刀為輔助將黑色麵糊，平鋪在白色麵糊上方。

15 以刮刀為輔助將白色麵糊，平鋪在黑色麵糊上方。
不用刻意將麵糊刮平，可呈現出更自然紋路。

16 放入預熱好的烤箱，以上火 180℃／下火 180℃，烤約 30 ～ 35 分鐘。

17 出爐後，立刻脫模，將烘焙紙取下，放涼，裝飾即可食用。

麵糊倒入示意圖

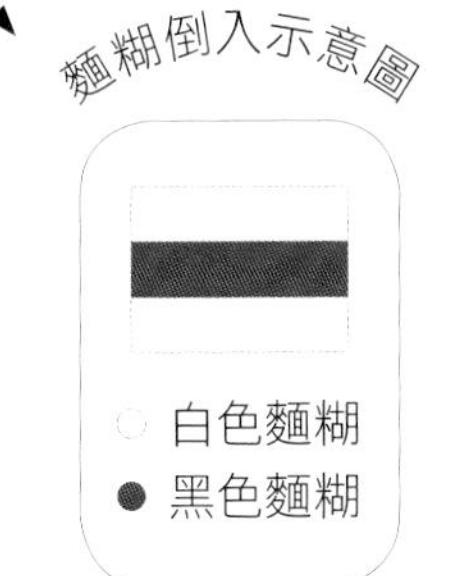

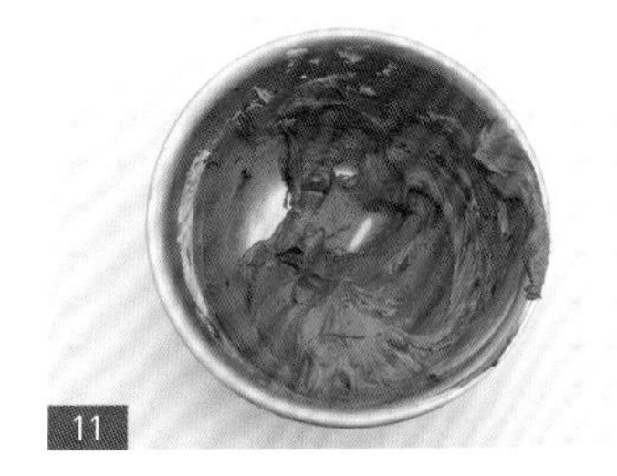
11

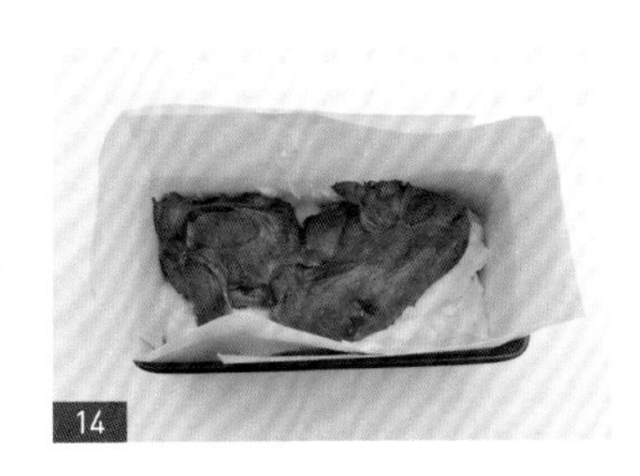
14

17

蔓越莓優格磅蛋糕

CRANBERRY & YOGURT POUND CAKE

材料 INGREDIENTS

麵糊

① 奶油 85g（軟化）
② 細砂糖 54g
③ 海藻糖 18g
④ 蛋黃 36g（常溫）
⑤ 全蛋 58g（常溫）
⑥ 泡打粉 3g
⑦ 杏仁粉 23g
⑧ 米穀粉 81g
⑨ 無糖優格 25g

酒漬蔓越莓乾

⑩ 蘭姆酒 10g
⑪ 蔓越莓乾 50g

淋面醬

⑫ 調溫草莓巧克力 40g
⑬ 調溫白巧克力 40g
⑭ 動物性鮮奶油 40g
⑮ 草莓碎粒 10g

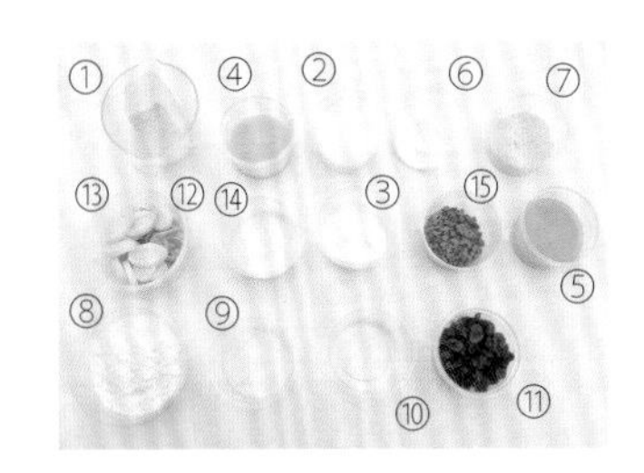

蔓越莓優格磅蛋糕
製作影片 QRcode

工具 TOOLS

長方形烤模、電動打蛋器、鋼盆、刮刀、烘焙紙、玻璃碗、篩網、微波爐

步驟說明 STEP BY STEP

前置作業

01 預熱烤箱。

02 分別過篩泡打粉、杏仁粉與米穀粉。

03 在烤模內鋪上烘焙紙。
烘焙紙入烤模方法可參考 P.80。

04 蛋黃與全蛋置於室溫下回溫。
太冰在打發時易造成油水分離。

05 奶油預先回溫軟化。

06 將蘭姆酒與蔓越莓乾混合後，浸泡至少 30 分鐘，即完成酒漬蔓越莓乾。

麵糊製作及烘烤

07 將奶油、海藻糖與細砂糖混合後，取電動打蛋器以高速打發至變白。
奶油打發作法可參考 P.78。

08 分次倒入全蛋與蛋黃，並取電動打蛋器以高速打勻。
蛋液分三次倒入，每次倒入都要確實將蛋液與奶油拌勻，才能再倒下一次。

麵糊製作及烘烤

09 倒入已過篩泡打粉、杏仁粉、米穀粉，取電動打蛋器以低速拌勻。

10 加入無糖優格，並取電動打蛋器攪拌均勻。

11 加入酒漬蔓越莓乾，並以刮刀拌勻，即完成蔓越莓麵糊。

12 以刮刀為輔助將所有麵糊倒入烤模中，並將中間壓平，兩側高一點。
使中間微凹，烘烤時蛋糕膨脹力會較好。

13 放入預熱好的烤箱，以上火 180℃／下火 180℃，烤約 30 ～ 35 分鐘。

14 出爐後，立刻脫模，將烘焙紙取下，放涼。

淋面醬製作及裝飾

15 將調溫草莓巧克力與調溫白巧克力混合。

16 加入動物性鮮奶油後，以微波爐加熱約 20 ～ 30 秒，並以刮刀攪拌均勻，即完成草莓甘納許淋面醬，放涼至 30℃備用。
若巧克力仍是固體的狀態，可再次加熱，直至巧克力融化，但不可過度加熱，以免巧克力燒焦，或造成油水分離。

17 將草莓甘納許淋面醬淋上蛋糕表面。

18 在草莓甘納許淋面醬上灑上草莓碎粒，即可食用。

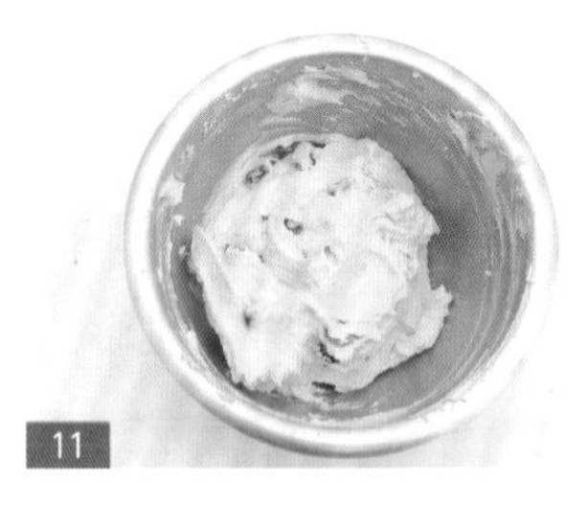
11

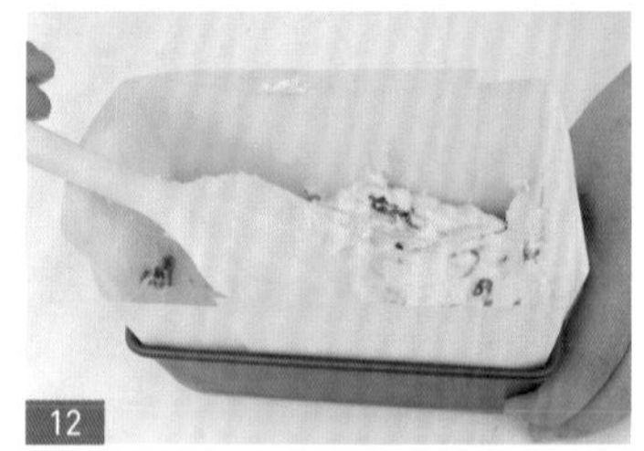
12

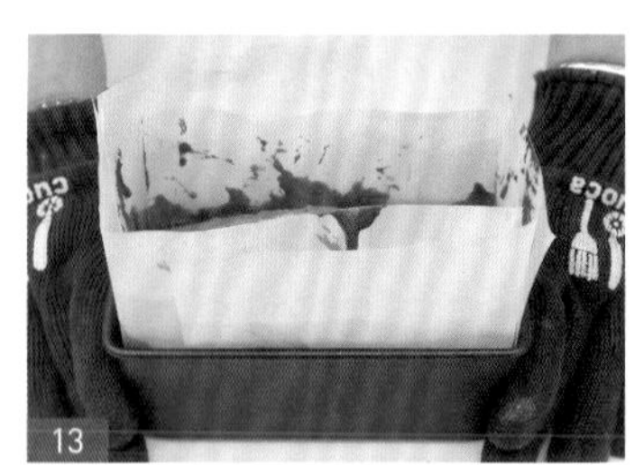
13

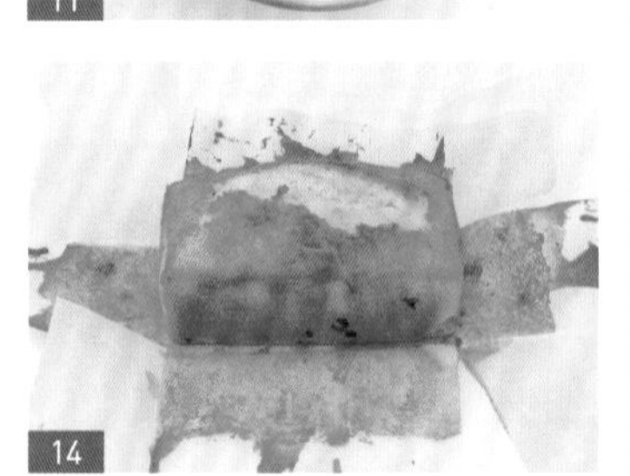
14

18

巧克力抹茶磅蛋糕

CHOCOLATE & MATCHA POUND CAKE

材料 INGREDIENTS

巧克力麵糊

① 奶油 a 61g（軟化）
② 細砂糖 a 39g
③ 玉米糖漿 a 13g
④ 蛋黃 a 26g（常溫）
⑤ 全蛋 a 42g（常溫）
⑥ 米穀粉 a 58g
⑦ 杏仁粉 a 20g
⑧ 泡打粉 a 3g
⑨ 可可粉 7g

抹茶麵糊

⑩ 奶油 b 61g（軟化）
⑪ 細砂糖 b 39g
⑫ 玉米糖漿 b 13g
⑬ 蛋黃 b 26g（常溫）
⑭ 全蛋 b 42g（常溫）
⑮ 米穀粉 b 58g
⑯ 杏仁粉 b 16g
⑰ 泡打粉 b 3g
⑱ 抹茶粉 10g

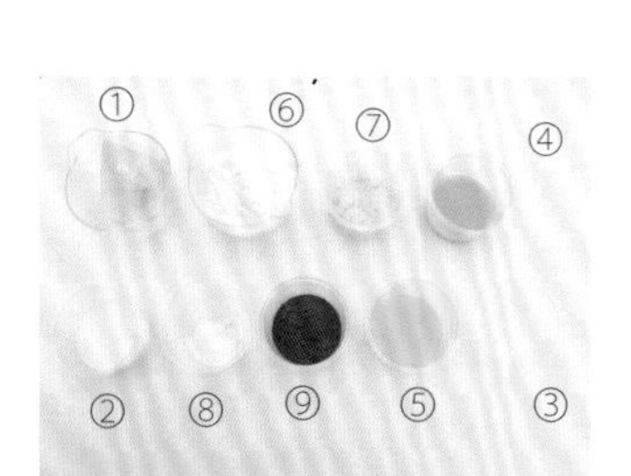

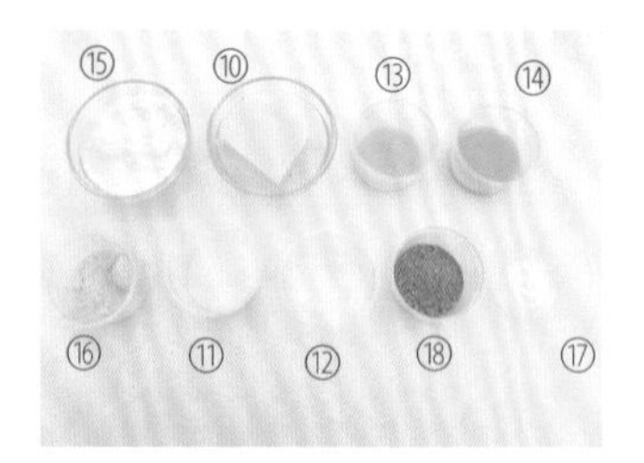

巧克力抹茶磅蛋糕
製作影片 QRcode

工具 TOOLS

長方形烤模、電動打蛋器、鋼盆、刮刀、擠花袋、烘焙紙、篩網、剪刀

步驟說明 STEP BY STEP

前置作業

01 預熱烤箱。

02 分別過篩泡打粉 a、杏仁粉 a、可可粉與米穀粉 a。

03 分別過篩泡打粉 b、杏仁粉 b、抹茶粉與米穀粉 b。

04 在烤模內鋪上烘焙紙。
烘焙紙入烤模方法可參考 P.80。

05 蛋黃與全蛋置於室溫下回溫。
太冰在打發時易造成油水分離。

06 奶油預先回溫軟化。

巧克力麵糊製作

07 將奶油 a、細砂糖 a 與玉米糖漿 a 混合後，取電動打蛋器以高速打發至變白。
奶油打發作法可參考 P.78。

08 分次倒入全蛋 a 與蛋黃 a，並取電動打蛋器以高速打勻。
蛋液分三次倒入，每次倒入都要確實將蛋液與奶油拌勻，才能再倒下一次。

巧克力麵糊製作

09 倒入已過篩泡打粉 a、杏仁粉 a、可可粉與米穀粉 a，取電動打蛋器以低速拌勻。

10 將拌勻材料倒入擠花袋中，即完成巧克力麵糊製作。

抹茶麵糊製作

11 將奶油 b、細砂糖 b 與玉米糖漿 b 混合後，取電動打蛋器以高速打發至變白。
奶油打發作法可參考 P.78。

12 分次倒入全蛋 b 與蛋黃 b，並取電動打蛋器以高速打勻。
蛋液分三次倒入，每次倒入都要確實將蛋液與奶油拌勻，才能再倒下一次。

13 倒入已過篩泡打粉 b、杏仁粉 b、抹茶粉與米穀粉 b，取電動打蛋器以低速拌勻。

14 將拌勻材料倒入擠花袋中，即完成抹茶麵糊製作。

烘烤及裝飾

15 取巧克力麵糊，將前端擠花袋以剪刀剪一小洞口。

16 將巧克力麵糊擠入烤模中，並平鋪底部。

17 取抹茶麵糊，將前端擠花袋以剪刀剪一小洞口。

18 將抹茶麵糊擠在巧克力麵糊上方。
順序為巧克力麵糊→抹茶麵糊→巧克力麵糊→抹茶麵糊。

麵糊倒入示意圖

19 放入預熱好的烤箱，以上火 180℃／下火 180℃，烤約 30 ～ 35 分鐘。

20 出爐後，立刻脫模，將烘焙紙取下，放涼，裝飾即可食用。

鳳梨橙酒磅蛋糕

PINEAPPLE & ORANGE POUND CAKE

材料 INGREDIENTS

麵糊

① 奶油 103g（軟化）
② 細砂糖 a 70g
③ 玉米糖漿 10g
④ 全蛋 60g（常溫）
⑤ 蛋黃 32g（常溫）
⑥ 米穀粉 100g
⑦ 杏仁粉 35g
⑧ 泡打粉 4g
⑨ 橙酒 10g

鳳梨醬

⑩ 鳳梨 90g
⑪ 細砂糖 b 20g
⑫ 麥芽 7g
⑬ 檸檬汁 3g
⑭ 香草豆莢 1/3 根

淋面醬

⑮ 白巧克力 100g
⑯ 動物性鮮奶油 50g

鳳梨橙酒磅蛋糕
製作影片 QRcode

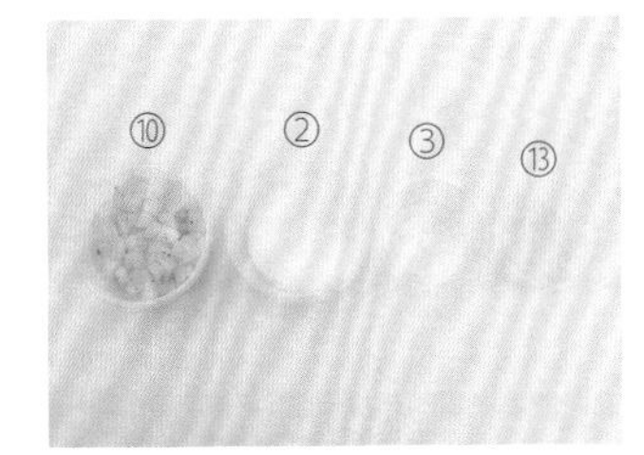

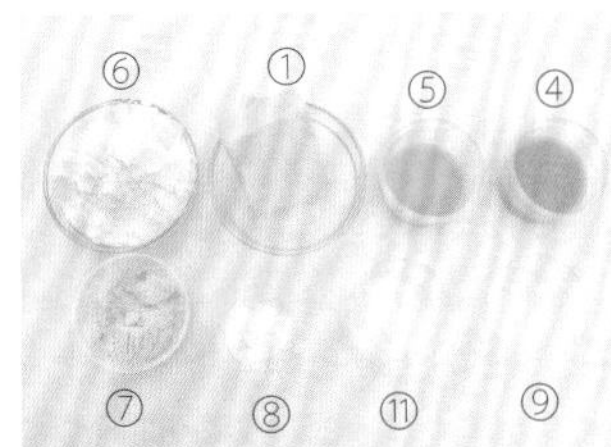

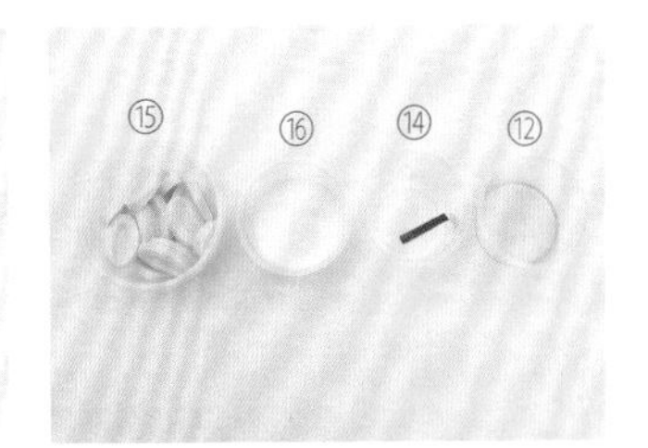

工具 TOOLS

長方形烤模、瓦斯爐、厚底單柄鍋、電動打蛋器、鋼盆、刮刀、烘焙紙、篩網、微波爐

步驟說明 STEP BY STEP

前置作業

01 預熱烤箱。

02 分別過篩泡打粉、杏仁粉與米穀粉。

03 在烤模內鋪上烘焙紙。
烘焙紙入烤模方法可參考 P.80。

04 蛋黃與全蛋置於室溫下回溫。
太冰在打發時易造成油水分離。

05 奶油預先回溫軟化。

06 剪開香草豆莢，取出香草籽。

鳳梨醬製作

07 將鳳梨倒入厚底單柄鍋中。

08 加入香草籽、香草豆莢、細砂糖 b、麥芽，煮至鳳梨出汁。
煮至鳳梨呈現透明。

09 過濾多餘水分，加入檸檬汁煮滾後，放涼，即完成鳳梨醬，備用。
不喜歡酸味的人，可將檸檬汁在一開始就放入，與其他材料一起煮。

麵糊製作及烘烤

10 將奶油、玉米糖漿與細砂糖 a 混合，取電動打蛋器以高速打發至變白。

　奶油打發作法可參考 P.78。

11 分次倒入全蛋與蛋黃，並取電動打蛋器以高速打勻。

　蛋液分三次倒入，每次倒入都要確實將蛋液與奶油拌勻，才能再倒下一次。

12 倒入已過篩泡打粉、杏仁粉、米穀粉，取電動打蛋器以低速拌勻。

13 加入橙酒，攪拌均勻，即完成麵糊。

14 在烤模內鋪上約 1/2 量的麵糊。

15 加入鳳梨醬，並平鋪在麵糊上。

16 在烤盤內填滿麵糊，並覆蓋住鳳梨醬。

17 以刮刀將中間壓平，兩側高一點。

　使中間微凹，烘烤時蛋糕膨脹力會較好。

18 放入預熱好的烤箱，以上火 180℃／下火 180℃，烤約 30 ～ 35 分鐘。

19 出爐後，立刻脫模，將烘焙紙取下，放涼。

淋面醬製作及裝飾

20 將動物性鮮奶油與白巧克力混合。

21 以微波爐加熱約 20 ～ 30 秒，並以刮刀攪拌均勻，即完成巧克力甘納許淋面醬，放涼至 30℃備用。

　若巧克力仍是固體的狀態，可再次加熱，直至巧克力融化，但不可過度加熱，以免巧克力燒焦，或造成油水分離。

22 將巧克力甘納許淋面醬淋上蛋糕表面，即可食用。

　可依個人喜好，選擇是否擺放果乾在蛋糕表面。

15

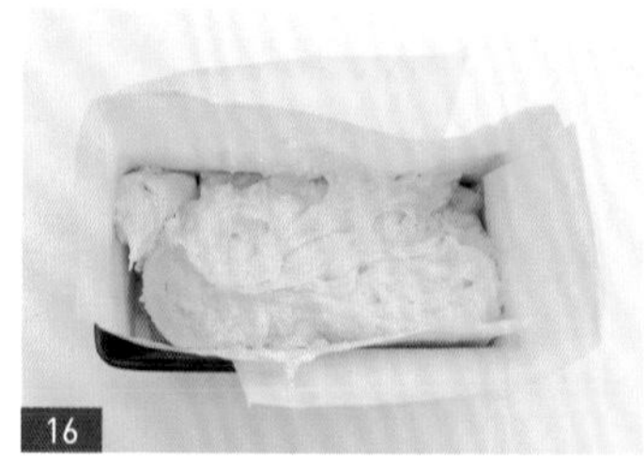
16

17

19-1

19-2

22

柳橙柚香磅蛋糕

ORANGE & POMELO POUND CAKE

材料 INGREDIENTS

麵糊

① 奶油 121g（軟化）
② 細砂糖 70g
③ 玉米糖漿 22g
④ 全蛋 66g（常溫）
⑤ 蛋黃 39g（常溫）
⑥ 米穀粉 103g
⑦ 杏仁粉 13g
⑧ 泡打粉 2g
⑨ 柳橙皮丁 20g

柳橙柚醬

⑩ 柳橙醬 16g
⑪ 柚子汁 a 16g

糖霜

⑫ 糖粉 89g
⑬ 柚子汁 b 10g

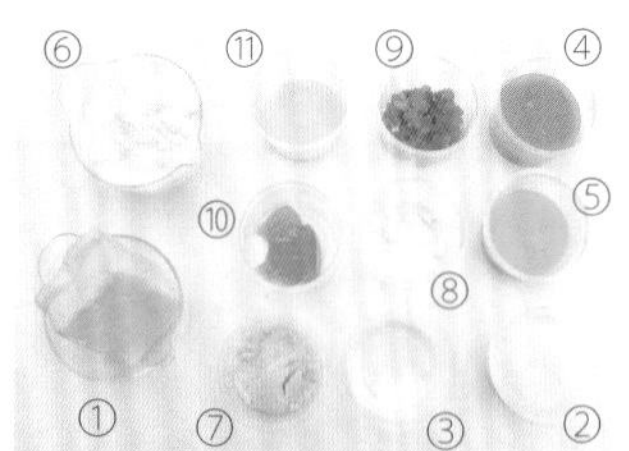
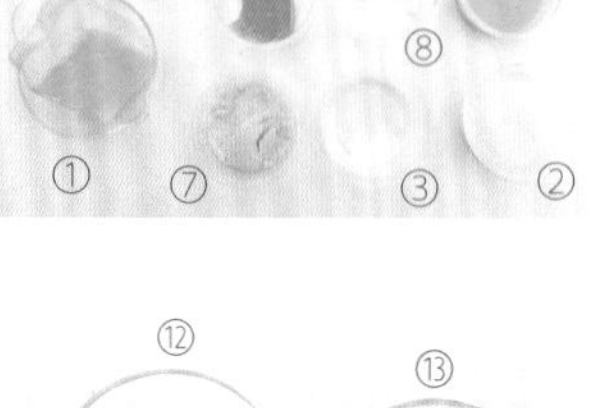

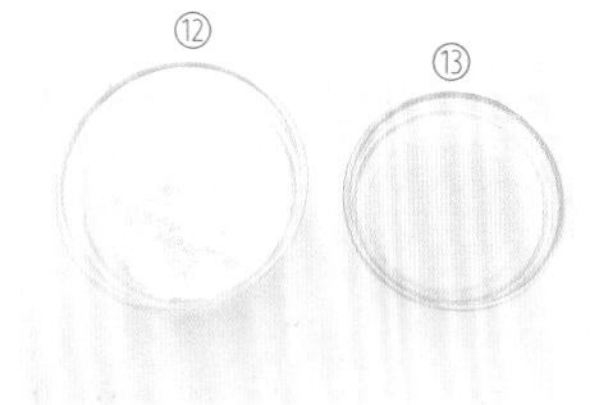

柳橙柚香磅蛋糕
製作影片 QRcode

工具 TOOLS

長方形烤模、電動打蛋器、鋼盆、刮刀、烘焙紙、水彩筆、篩網、微波爐

步驟說明 STEP BY STEP

前置作業

01 預熱烤箱。

02 分別過篩泡打粉、杏仁粉與米穀粉。

03 在烤模內鋪上烘焙紙。
烘焙紙入烤模方法可參考 P.80。

04 蛋黃與全蛋置於室溫下回溫。
太冰在打發時易造成油水分離。

05 奶油回溫軟化備用。

柳橙柚醬製作

06 將柳橙醬與柚子汁 a 混合。
柳橙醬可用果醬替代。

07 以微波爐加熱 20 秒後，以刮刀拌勻，即完成柳橙柚醬，備用。

麵糊製作及烘烤

08 將奶油、細砂糖與玉米糖漿混合，取電動打蛋器以高速打發至變白。
奶油打發作法可參考 P.78。

麵糊製作及烘烤

09 分次倒入全蛋與蛋黃，並取電動打蛋器以高速打勻。
　　蛋液分三次倒入，每次倒入都要確實將蛋液與奶油拌勻，才能再倒下一次。

10 倒入已過篩泡打粉、杏仁粉、米穀粉，取電動打蛋器以低速拌勻。

11 加入柳橙柚醬，攪拌均勻。

12 加入柳橙皮丁，以刮刀拌勻，即完成麵糊。

13 以刮刀為輔助將所有麵糊倒入烤模中，並將中間壓平，兩側高一點。
　　使中間微凹，烘烤時蛋糕膨脹力會較好。

14 放入預熱好的烤箱，以上火 180℃／下火 180℃，烤約 30 ～ 35 分鐘。

15 出爐後，立刻脫模，將烘焙紙取下，放涼。

糖霜製作及裝飾

16 將糖粉與柚子汁 b 混合。

17 以刮刀將糖粉與柚子汁 b 拌勻，即完成糖霜。
　　使用前再製作，避免乾掉。

18 在蛋糕體淋上糖霜即可食用。
　　可視個人喜好，選擇是否擺放果乾在蛋糕表面。

抹茶蔓越莓磅蛋糕

MATCHA & CRANBERRY POUND CAKE

材料 INGREDIENTS

麵糊

① 奶油 109g（軟化）
② 糖粉 89g
③ 蛋黃 45g（常溫）
④ 全蛋 74g（常溫）
⑤ 米穀粉 103g
⑥ 杏仁粉 29g
⑦ 泡打粉 3g
⑧ 抹茶粉 a 5g
⑨ 抹茶酒 5g

酒漬蔓越莓乾

⑩ 蘭姆酒 5g
⑪ 蔓越莓乾 25g

淋面醬

⑫ 白巧克力 80g
⑬ 抹茶粉 b 8g
⑭ 動物性鮮奶油 40g（常溫）

抹茶蔓越莓磅蛋糕
製作影片 QRcode

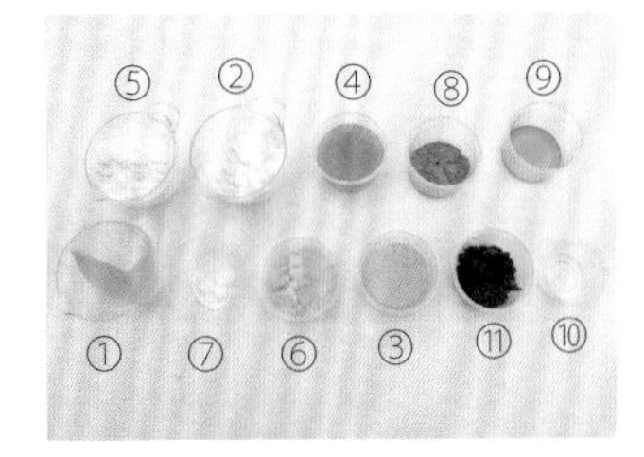

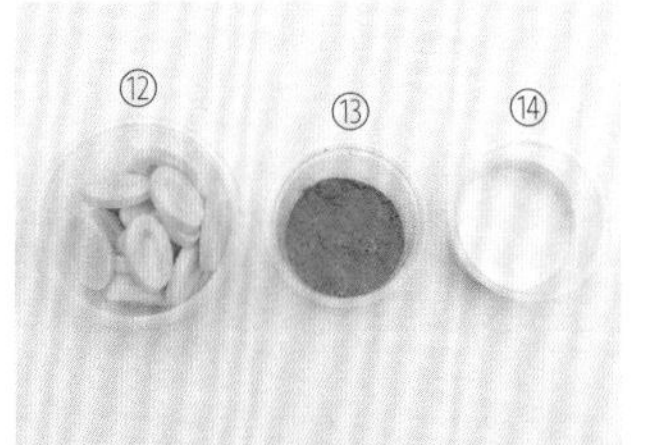

工具 TOOLS

長方形烤模、電動打蛋器、鋼盆、刮刀、烘焙紙、水果刀、保鮮膜、水彩筆、篩網、玻璃碗、微波爐

步驟說明 STEP BY STEP

前置作業

01 預熱烤箱。

02 分別過篩泡打粉、杏仁粉、米穀粉與抹茶粉。
抹茶粉較易結粒，須多過篩幾次。

03 在烤模內鋪上烘焙紙。
烘焙紙入烤模方法可參考 P.80。

04 蛋黃與全蛋置於室溫下回溫。
太冰在打發時易造成油水分離。

05 將蘭姆酒與蔓越莓乾混合後，浸泡至少 30 分鐘，即完成酒漬蔓越莓乾。

麵糊製作及烘烤

06 將奶油與糖粉混合，取電動打蛋器以高速打發至變白。
奶油打發作法可參考 P.78。

07 分次倒入全蛋與蛋黃，並取電動打蛋器以高速打勻。
蛋液分三次倒入，每次倒入都要確實將蛋液與奶油拌勻，才能再倒下一次。

麵糊製作及烘烤

08 倒入已過篩米穀粉、杏仁粉、泡打粉、抹茶粉 a，取電動打蛋器以低速拌勻。

09 加入抹茶酒，打勻。

10 加入酒漬蔓越莓乾，以刮刀拌勻，即完成麵糊。
可預留些許酒漬蔓越莓乾用於裝飾。

11 以刮刀為輔助將所有麵糊倒入烤模中，並將中間壓平，兩側高一點。
使中間微凹，烘烤時蛋糕膨脹力會較好。

12 放入預熱好的烤箱，以上火 180℃／下火 180℃，烤約 30 ～ 35 分鐘。

13 出爐後，立刻脫模，將烘焙紙取下，放涼，備用。

淋面醬製作及裝飾

14 將抹茶粉 b 與白巧克力混合。

15 以微波爐加熱約 20 秒，並以刮刀攪拌均勻。
若巧克力仍是固體的狀態，可再次加熱，直至巧克力融化，但不可過度加熱，以免巧克力燒焦，或造成油水分離。

16 加入微溫的動物性鮮奶油，拌勻，即完成抹茶甘納許淋面醬。
巧克力與抹茶粉要先拌勻再與鮮奶油拌勻，以避免抹茶粉結粒。

17 在蛋糕體淋上抹茶甘納許淋面醬。

18 在抹茶甘納許淋面醬上灑上酒漬蔓越莓乾裝飾後，即可食用。

CHAPTER 05

乳酪蛋糕

CHEESECAKE

餅底製作

・步驟說明 STEP BY STEP・

01　將細砂糖，過篩後的杏仁粉和米穀粉，奶油倒至工作檯面上。

02　雙手各拿一刮板切拌成沙粒狀後，入模。

拌到使奶油變成米粒大小即可。

03　以湯匙將入模的材料壓緊，即完成餅底。

04　放入預熱好的烤箱，以上火 180℃／下火 200℃，烤 10 分鐘。

05　取出餅底後，放涼，即完成餅底製作。

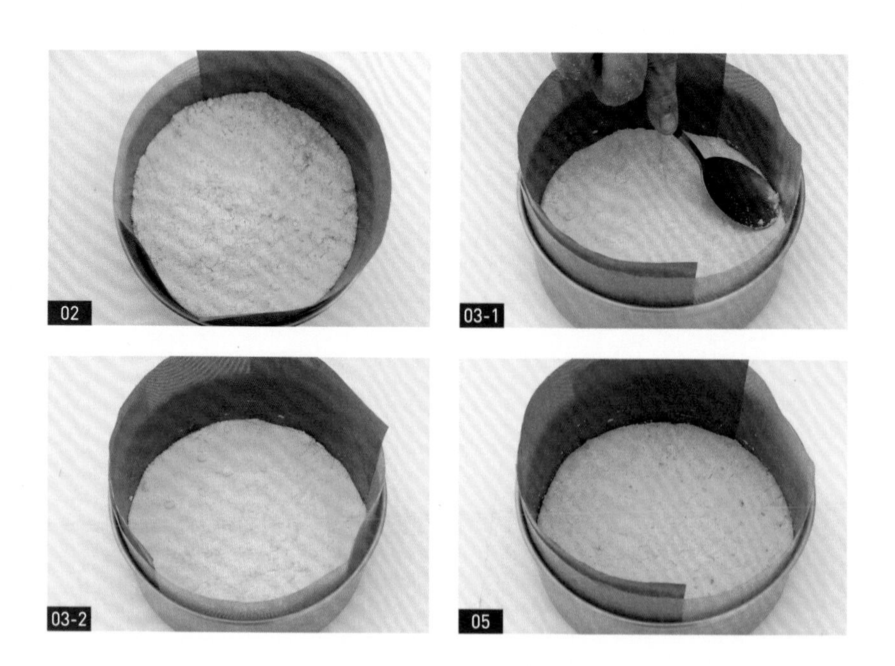

提拉米蘇

TIRAMISU

材料 INGREDIENTS

麵糊

① 全蛋 133g（常溫）
② 細砂糖 a 60g
③ 米穀粉 63g
④ 可可粉 14g
⑤ 泡打粉 5g

咖啡酒糖液

⑥ 咖啡液 100g
⑦ 細砂糖 b 17g
⑧ 白蘭地 15g
⑨ 咖啡酒 8g

慕斯餡

⑩ 動物性鮮奶油 500g
⑪ 馬斯卡彭乳酪 500g
⑫ 蛋黃 100g
⑬ 吉利丁片 12.5g（泡冰水）
⑭ 細砂糖 c 90g
⑮ 水 80g

提拉米蘇
製作影片 QRcode

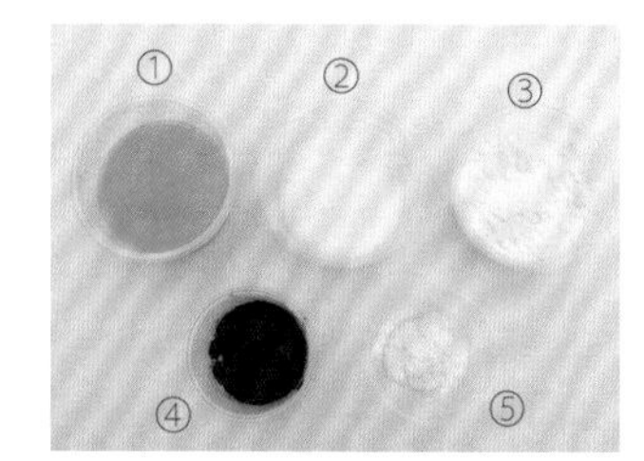

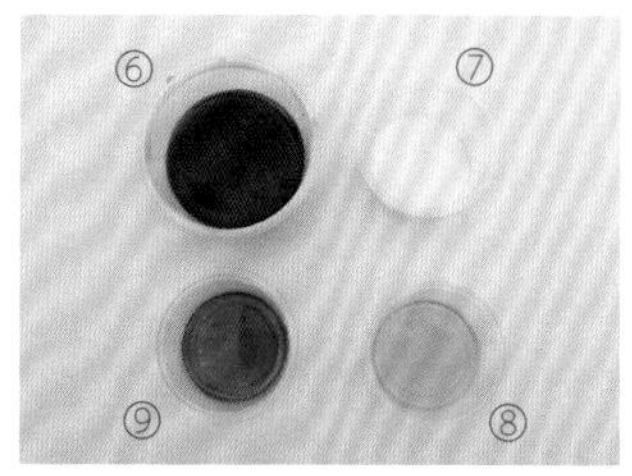

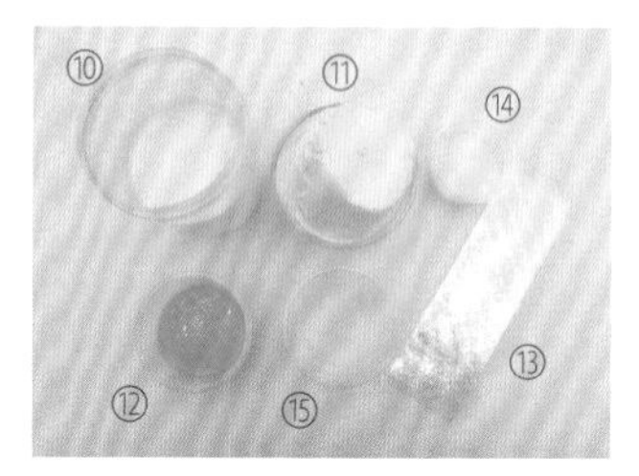

工具 TOOLS

鋁箔模型、塔圈（6cm）、瓦斯爐、厚底單柄鍋、電動打蛋器、鋼盆、刮刀、刮板、烘焙布、烤盤、矽膠刷、剪刀、擠花袋、篩網、玻璃罐、微波爐

步驟說明 STEP BY STEP

前置作業

01 預熱烤箱。

02 在烤盤上鋪上烘焙布。

03 將泡打粉、可可粉與米穀粉過篩。

04 馬斯卡彭乳酪常溫放軟，備用。

05 吉利丁以冰水泡軟，擠出多餘的冰水後，以微波爐或隔水加溫融化備用。
冰水須用飲用水，勿用生水。

麵糊製作及烘烤

06 將全蛋與細砂糖 a 倒入鋼盆中，取電動打蛋器以高速打發變白。
全蛋打發作法可參考 P.41。

07 加入已過篩的泡打粉、可可粉與米穀粉，以刮刀翻拌至看不見粉粒，即完成麵糊。
因巧克力有油脂，容易消泡，建議攪拌時輕而快。

08 將麵糊倒入烤盤中，並以刮板抹平麵糊。

09 放入預熱好的烤箱，以上火 190℃／下火 180℃，烤約 10 ～ 15 分鐘。

10 出爐後，放涼，備用。

咖啡酒糖液製作

11 將咖啡液、細砂糖 b、白蘭地、咖啡酒混合。

12 以刮刀拌勻至糖溶，即完成咖啡酒糖液製作。

慕斯餡製作

13 將動物性鮮奶油倒入鋼盆，以電動打蛋器打至 6 分發，呈奶昔狀後，冷藏備用。

若是在組裝餡料前製作，則可不冷藏。

14 （同時）將水、細砂糖 c 煮滾。

煮糖水時不要攪拌，會反砂。

以電動打蛋器將蛋黃高速打發。

15 將糖水沖入蛋黃中，並持續打發至完全涼。

一邊打發一邊沖入。

16 分次加入馬斯卡彭乳酪，並以低速持續打發。

17 加入步驟 16 打至 6 分發的動物性鮮奶油，以刮刀拌勻。

18 加入已融化的吉利丁，拌勻，即完成慕斯餡。

組合

19 以塔圈為輔助，壓出圓形蛋糕體。

烤好的蛋糕體先裁切到想要的大小備用。

20 將圓形蛋糕體放入鋁箔模型中。

21 在圓形蛋糕體上方刷上咖啡酒糖液。

可依個人喜好增減量。

22 將慕斯餡裝入擠花袋中，使用前再以剪刀在尖端剪一開口。

23 在鋁箔模型中，填滿慕斯餡。

24 放入冰箱中，冷凍定型。

25 定型後，取出，在表面撒上可可粉，即可食用。

南瓜乳酪

PUMPKIN CHEESECAKE

工具 TOOLS

6吋圓形烤模、電動打蛋器、鋼盆、刮刀、刮板、烘焙布、湯匙、篩網、蛋糕鏟、玻璃碗、蒸爐

南瓜乳酪
製作影片 QRcode

材料 INGREDIENTS

餅底

① 奶油 40g
② 杏仁粉 40g
③ 細砂糖 a 40g
④ 米穀粉 43g

蜜南瓜丁

⑤ 水 40g
⑥ 細砂糖 b 40g
⑦ 麥芽 10g
⑧ 南瓜丁 60g

南瓜乳酪餡

⑨ 奶油乳酪 390g
⑩ 細砂糖 c 120g
⑪ 全蛋 70g
⑫ 蛋黃 36g
⑬ 南瓜粉 10g
⑭ 米穀粉 13g
⑮ 酸奶 65g
⑯ 蘭姆酒 15g
⑰ 南瓜泥 80g

裝飾

⑱ 南瓜片 5～6 片

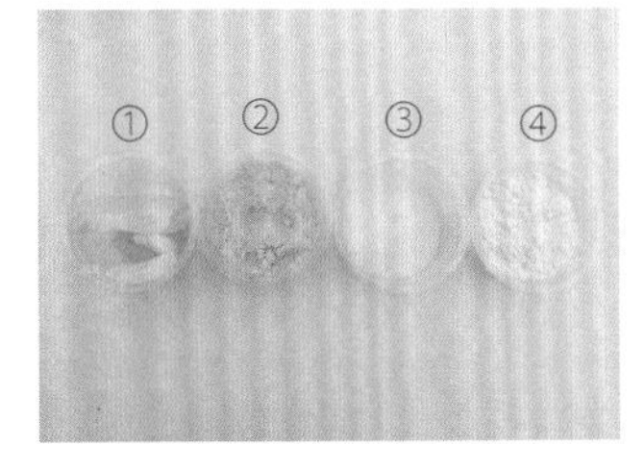

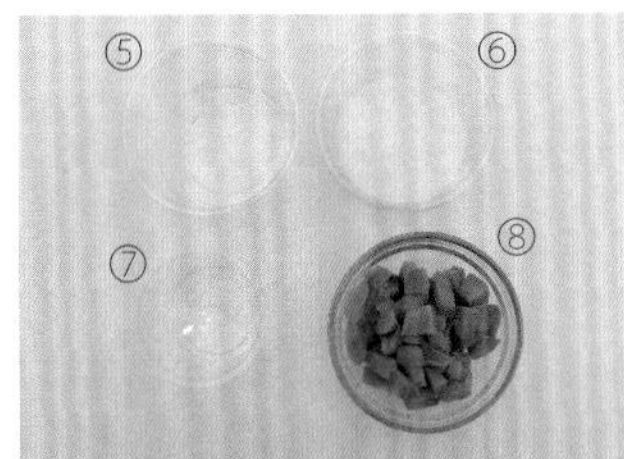

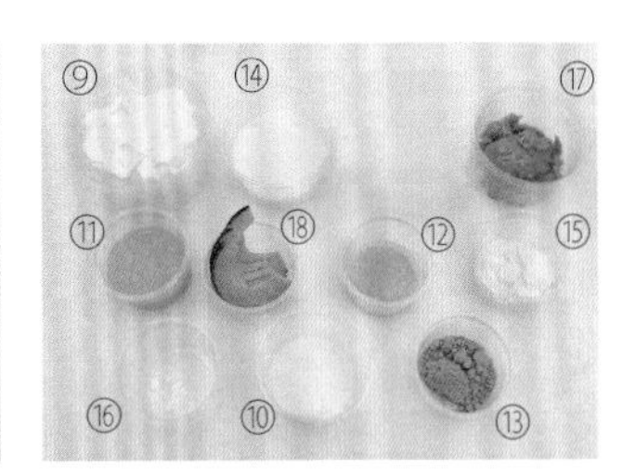

步驟說明 STEP BY STEP

前置作業

01 預熱烤箱。

02 奶油切丁後冷藏。

03 將南瓜粉、米穀粉過篩。

04 在模型邊緣放入烘焙布。

05 奶油乳酪常溫放軟，備用。

06 蜜南瓜丁作法：將南瓜丁、細砂糖 b、麥芽與水放入玻璃碗中，放入蒸爐蒸 20 分鐘，將多餘水分過篩，即完成蜜南瓜丁，放涼，取 45g 備用。
可以大火隔水加熱代替蒸爐加熱。

餅底製作

07 將細砂糖 a、杏仁粉、米穀粉與奶油倒至工作檯面上。

08 雙手各拿一刮板切拌後，入模。
拌到使奶油變成米粒大小即可。

09 以湯匙將入模的材料壓緊，即完成餅底。

10 放入預熱好的烤箱，以上火 180℃／下火 200℃，烤 10 分鐘。

11 取出餅底，放涼，備用。

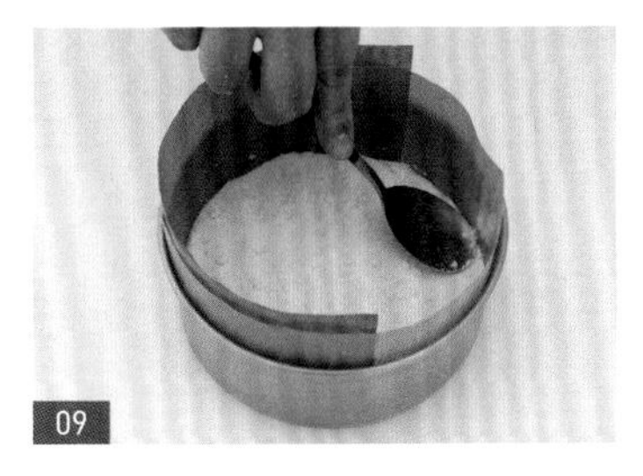
09

11

南瓜乳酪餡製作

12 將奶油乳酪、細砂糖 c 倒入鋼盆中，取電動打蛋器以低速攪拌。

13 加入全蛋、蛋黃、酸奶、南瓜泥，攪拌均勻。

14 加入已過篩的米穀粉、南瓜粉，攪拌均勻。

15 加入蘭姆酒攪拌均勻，即完成南瓜乳酪餡。

組合及烘烤

16 在餅底撒上蜜南瓜丁，再倒入南瓜乳酪餡至蛋糕模的 1/3 處。

17 撒上蜜南瓜丁。

18 倒入南瓜乳酪餡至八分滿後，再次撒上蜜南瓜丁。

19 倒入剩下餡料後，以刮刀稍微刮平表面。

20 擺上南瓜片。

21 放入預熱好的烤箱，以上火 150℃／下火 150℃，烤 55 ～ 60 分鐘。

22 取出，將蛋糕模置於杯狀物體上方。
運用杯狀物體墊高蛋糕模，可利於脫模。

23 放涼，脫模，並取下烘焙布，即可食用。

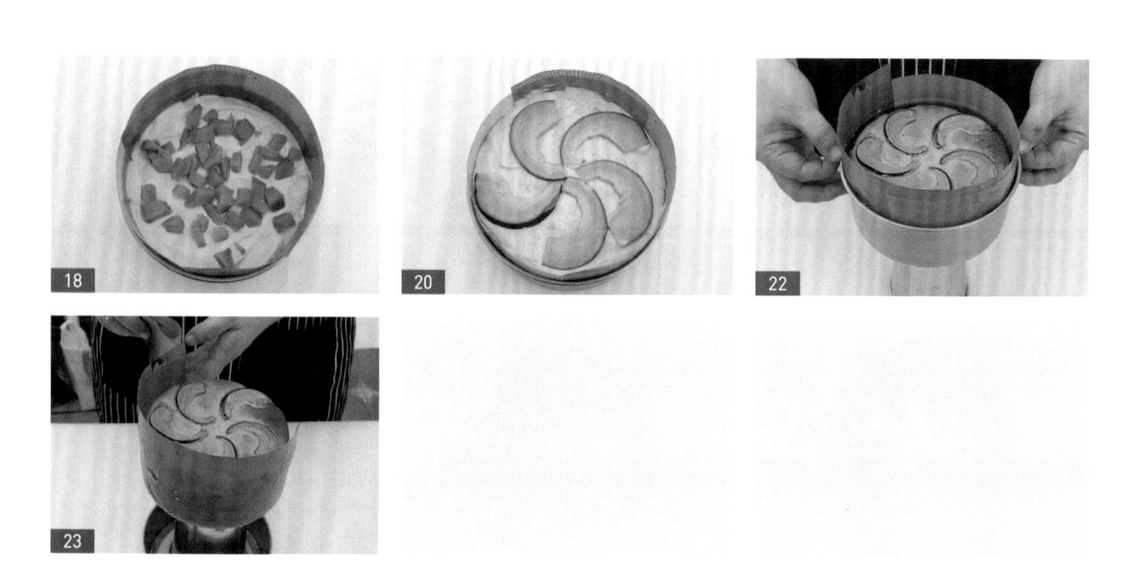

白乳酪蛋糕

FROMAGE BLANC CHEESECAKE

材料 INGREDIENTS

餅底

① 奶油 40g
② 細砂糖 a 40g
③ 杏仁粉 40g
④ 米穀粉 43g

乳酪餡

⑤ 白巧克力 80g
⑥ 動物性鮮奶油 65g
⑦ 奶油乳酪 130g
⑧ 白乳酪 130g
⑨ 細砂糖 b 40g
⑩ 全蛋 60g
⑪ 黃檸檬汁 1 顆
⑫ 黃檸檬皮適量

裝飾

⑬ 紅櫻桃醬適量
⑭ 開心果碎適量

白乳酪蛋糕
製作影片 QRcode

工具 TOOLS

慕斯模（9cm）、電動打蛋器、鋼盆、刮刀、刮板、烘焙布、湯匙、水彩筆、蛋糕鏟、微波爐、刨刀器

步驟說明 STEP BY STEP

前置作業

01 預熱烤箱。

02 在模型邊緣放入烘焙布。

03 奶油切丁後冷藏。

04 奶油乳酪常溫放軟，備用。

餅底製作

05 將杏仁粉、米穀粉、細砂糖 a 與奶油倒至工作檯面上。

06 雙手各拿一刮板切拌後，入模。
拌到使奶油變成米粒大小即可。

餅底製作

07 以湯匙將入模的材料壓緊，即完成餅底。

08 放入預熱好的烤箱，以上火 180℃／下火 200℃，烤 10 分鐘。

09 取出餅底，放涼，備用。

乳酪餡製作

10 將白巧克力與動物鮮奶油混合後，以微波爐加熱至巧克力融化，即完成甘納許，備用。
加熱約 20 ～ 30 秒即可。

11 將奶油乳酪、白乳酪、細砂糖 b 倒入鋼盆中，取電動打蛋器以低速攪拌。

12 加入全蛋、甘納許，攪拌均勻。

13 加入黃檸檬汁，以刮刀攪拌均勻。

14 以刨刀器刨出黃檸檬皮，並以刮刀攪拌均勻後，即完成乳酪餡。

組合及烘烤

15 在餅底上方倒入乳酪餡，並以刮刀稍微刮平表面。

16 將慕斯模往桌面震一下，使乳酪餡表面更平整。

17 放入預熱好的烤箱，以上火 130℃／下火 130℃，烤 20 ～ 25 分鐘。

18 出爐後，放涼，脫模。

19 放上紅櫻桃醬，並灑上開心果碎裝飾，即可食用。

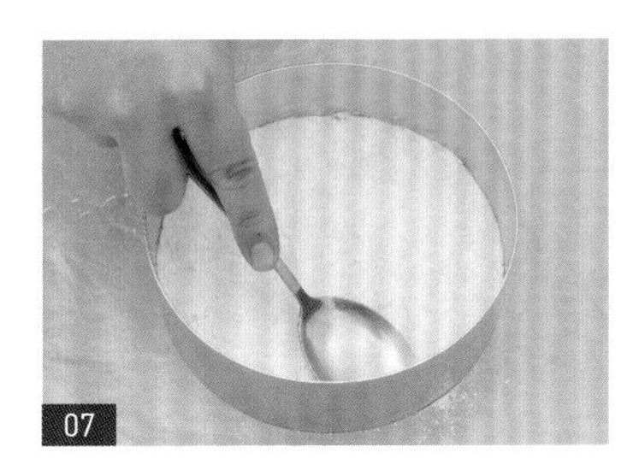
07

15

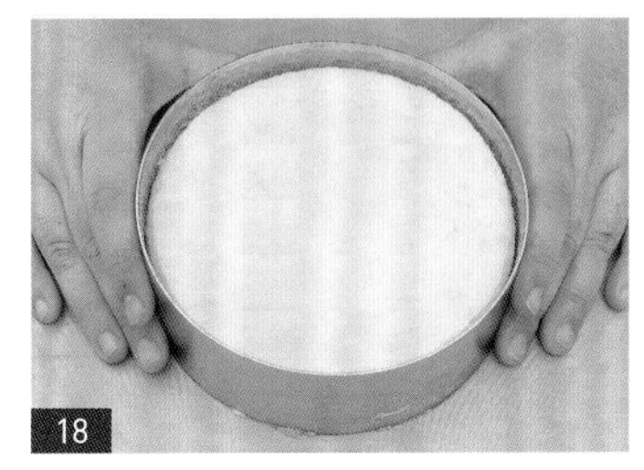
18

抹茶乳酪塔

MATCHA CHEESE TART

材料 INGREDIENTS

餅底

① 糖粉 13g
② 杏仁粉 40g
③ 米穀粉 a 132g
④ 奶油 106g
⑤ 全蛋 40g

抹茶乳酪餡

⑥ 奶油乳酪 155g
⑦ 細砂糖 a 36g
⑧ 蛋黃 22g
⑨ 動物性鮮奶油 87g
⑩ 米穀粉 b 19g
⑪ 抹茶粉 8g
⑫ 蛋白 43g
⑬ 細砂糖 b 31g

抹茶乳酪塔
製作影片 QRcode

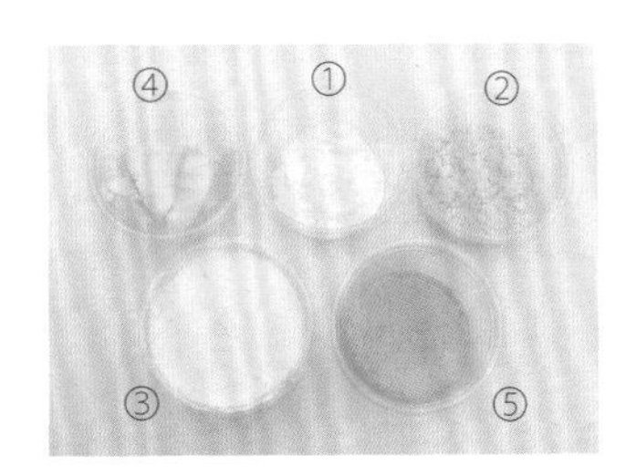

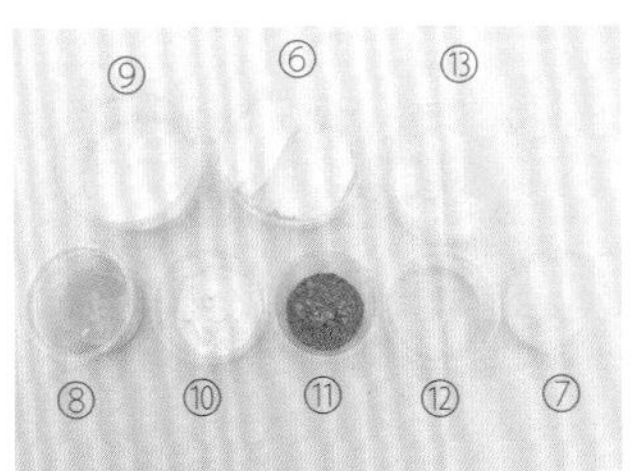

工具 TOOLS

慕斯模（9cm）、電動打蛋器、打蛋器、鋼盆、刮刀、刮板、電子秤、烘焙布、擀麵棍、烤盤、蛋糕鏟、篩網

步驟說明 STEP BY STEP

前置作業

01 預熱烤箱。

02 在模型邊緣放入烘焙布。

03 將米穀粉 b、抹茶粉過篩。

04 奶油常溫軟化，備用。

05 奶油乳酪常溫放軟，備用。

餅底製作

06 將米穀粉 a、糖粉與杏仁粉在工作檯面上築粉牆。

07 在粉牆中間倒入全蛋與奶油，以刮板切拌均勻，即完成麵團。

08 取 1/3 麵團，以擀麵棍擀平，擀出模型底部的大小後，入模。

09 在桌上及麵團上撒上些取手粉（米穀粉），取剩下 2/3 麵團用手搓成長條形，長度約為慕絲圈的圓周。

撒上手粉（米穀粉）較不易沾黏。

08

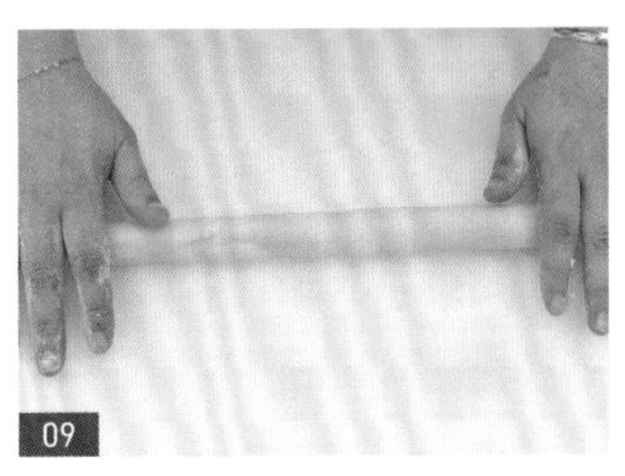
09

餅底製作

10 將長條形麵團放入模型邊緣，並用手按壓至布滿烤模側邊。

11 放入冰箱，冷凍定型，待內餡完成後再取出。

內餡製作

12 將奶油乳酪，以刮刀拌軟。

13 分別加入細砂糖 a、蛋黃、動物性鮮奶油，以打蛋器拌勻。

14 加入米穀粉 b 與抹茶粉，拌勻，即完成抹茶乳酪餡。

15 將蛋白與細砂糖 b 分兩次倒入鋼盆，打發成蛋白霜，並打至濕性發泡。
蛋白霜作法可參考 P.26。

16 取 1/2 的蛋白霜加入抹茶乳酪餡中，以刮刀拌勻。

17 將剩餘蛋白霜倒入繼續攪拌均勻。

烘烤及裝飾

18 拿出冰箱的塔皮，倒入內餡。

19 以刮刀抹平表面。

20 放入預熱好的烤箱，以上火 160℃／下火 200℃，烤 25 ～ 30 分鐘。

21 出爐後，放涼，脫模，即可食用。

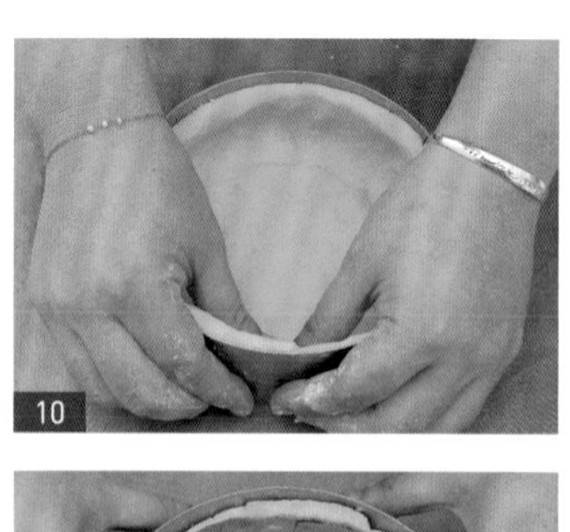
10

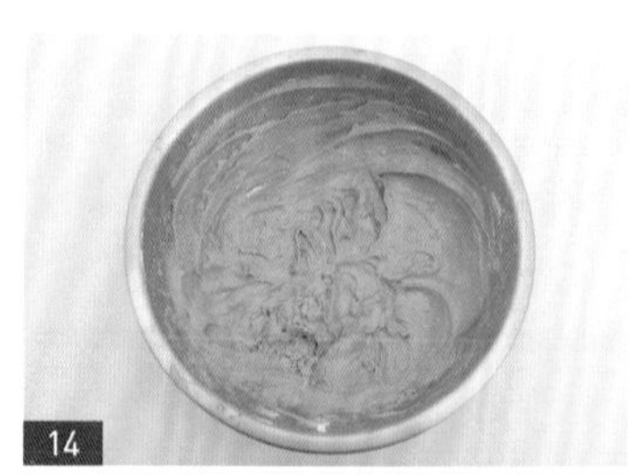
14

18

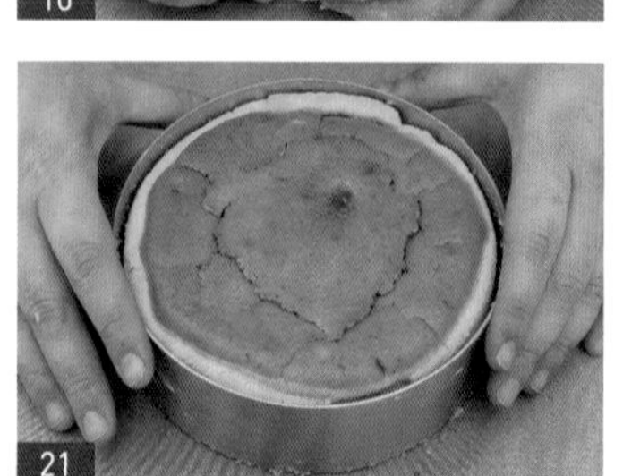
21

紐約重乳酪

NEW YORK CHEESECAKE

工具 TOOLS

6吋圓形烤模、電動打蛋器、鋼盆、刮刀、刮板、烘焙布、湯匙、蛋糕鏟

材料 INGREDIENTS

餅底

① 米穀粉 a 43g
② 杏仁粉 40g
③ 細砂糖 a 40g
④ 奶油 40g

乳酪餡

⑤ 奶油乳酪 334g
⑥ 細砂糖 b 67g
⑦ 酸奶 100g
⑧ 全蛋 37g
⑨ 動物性鮮奶油 55g
⑩ 米穀粉 b 30g
⑪ 牛奶 80g

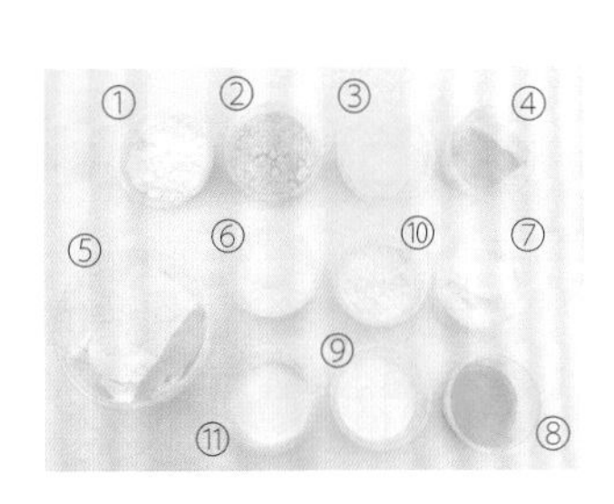

步驟說明 STEP BY STEP

前置作業

紐約重乳酪
製作影片 QRcode

01 預熱烤箱。

02 在模型邊緣放入烘焙布。

03 奶油乳酪常溫放軟，備用。

餅底製作

04 將細砂糖 a、杏仁粉、米穀粉 a 與奶油倒至工作檯面上。

05 雙手各拿一刮板切拌後，入模。
切拌到使奶油變成米粒大小即可。

06 以湯匙將入模的材料壓緊，即完成餅底。

07 放入預熱好的烤箱，以上火 180℃／下火 200℃，烤 10 分鐘。

08 取出餅底，放涼，備用。

乳酪餡製作

09 將奶油乳酪、細砂糖 b 倒入鋼盆中，取電動打蛋器以低速攪拌。

10 加入全蛋、酸奶、動物性鮮奶油、牛奶，攪拌均勻。

11 加入米穀粉 b，攪拌均勻，即完成乳酪餡。

06

組合及烘烤

12 在餅底上方倒入乳酪餡，並以刮刀稍微刮平表面。

12

13 將烤模往桌面震一下，使乳酪餡表面更平整。

14 放入預熱好的烤箱，以上火 180℃／下火 200℃，烤 30 分鐘。

15 取出，將蛋糕模置於杯狀物體上方。
運用杯狀物體墊高蛋糕模，可利於脫模。

16 放涼，脫模，並取下烘焙布，即可食用。

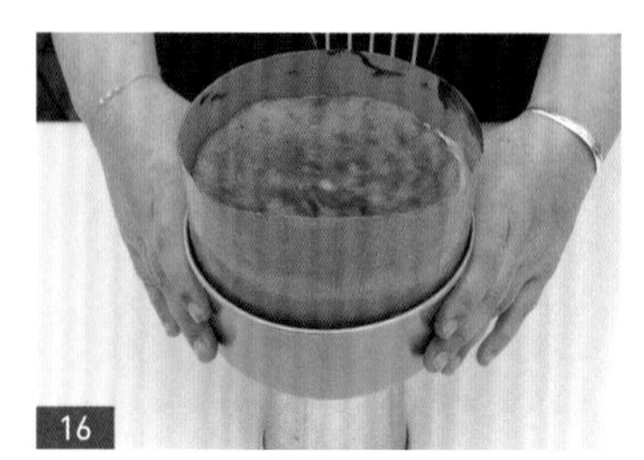
16

CHAPTER 06

塔類

TARTS

塔皮製作

01 甜塔皮

・步驟說明 STEP BY STEP・

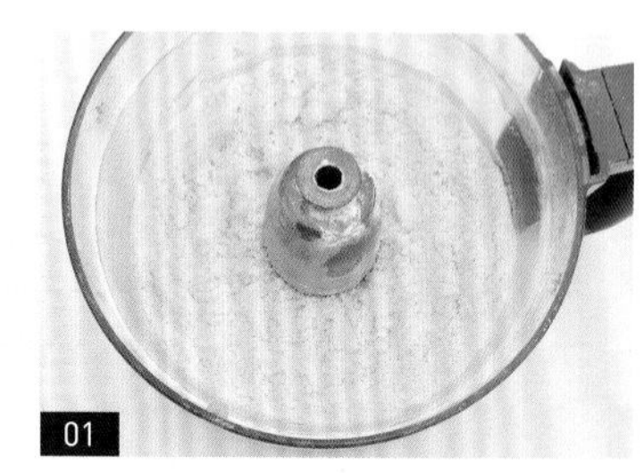

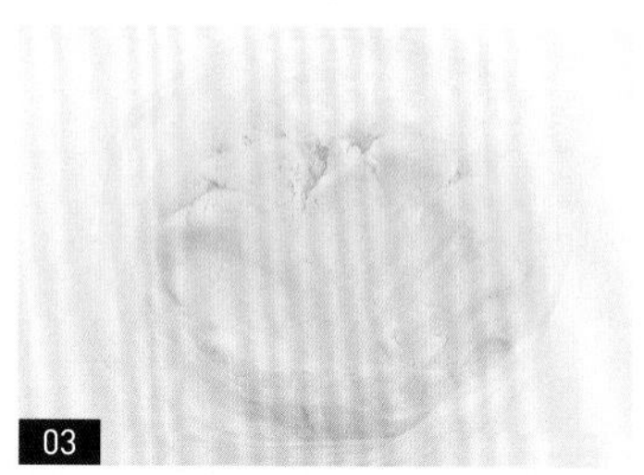

01 在食物調理機中倒入米穀粉、糖粉、杏仁粉、奶油後，打至呈現粉粒狀。

所有粉類須冷凍保存，奶油須切 1 立方公分小塊冷藏，全蛋也須冷藏保存。

02 加入全蛋，攪拌均勻。

03 將步驟 2 材料倒入塑膠袋中，搓揉成團，直到看不到粉粒，即完成麵團製作。

02 鹹塔皮

・步驟說明 STEP BY STEP・

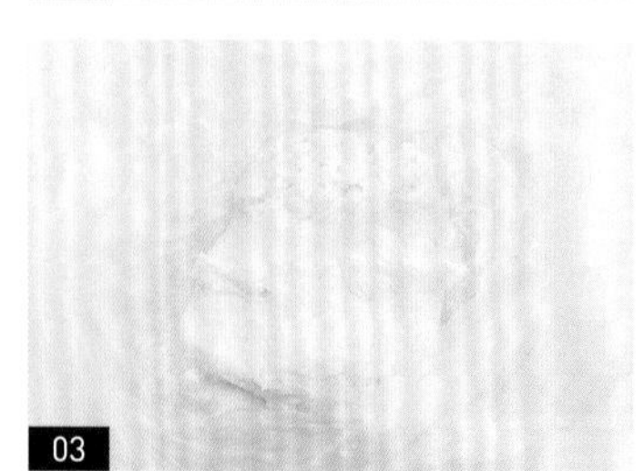

01 在食物調理機中倒入米穀粉、鹽、奶油後，打至呈現粉粒狀。

所有粉類須冷凍保存，奶油須切 1 立方公分小塊冷藏。

02 加入牛奶，攪拌均勻。

03 將步驟 2 材料倒入塑膠袋中，搓揉成團，直到看不到粉粒，即完成麵團製作。

藍莓乳酪塔

BLUEBERRY & CHEESE TART

材料 INGREDIENTS

塔皮

① 米穀粉 a 100g（冷凍）
② 杏仁粉 a 22g（冷凍）
③ 糖粉 a 42g（冷凍）
④ 鹽 1g
⑤ 奶油 a 64g（冷藏）
⑥ 全蛋 a 22g

杏仁奶油

⑦ 奶油 b 52g（軟化）
⑧ 全蛋 b 52g
⑨ 杏仁粉 b 52g
⑩ 蘭姆酒 b 10g
⑪ 糖粉 b 52g
⑫ 米穀粉 b 20g

藍莓醬

⑬ 二號砂糖 60g
⑭ 藍莓 100g
⑮ 蘭姆酒 a 10g

乳酪慕斯

⑯ 奶油乳酪 125g
⑰ 動物性鮮奶油 130g
⑱ 吉利丁 4g（泡冰水）
⑲ 檸檬汁 5g
⑳ 細砂糖 52g
㉑ 無糖優格 50g

藍莓乳酪塔
製作影片 QRcode

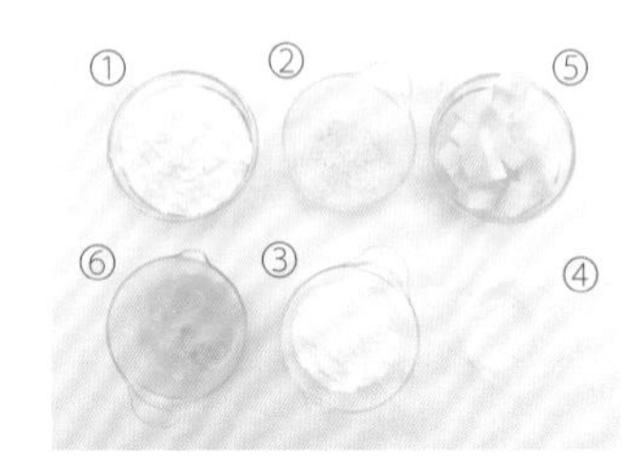

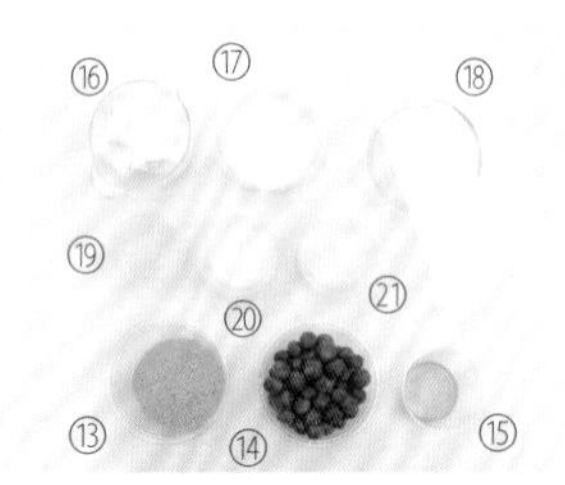

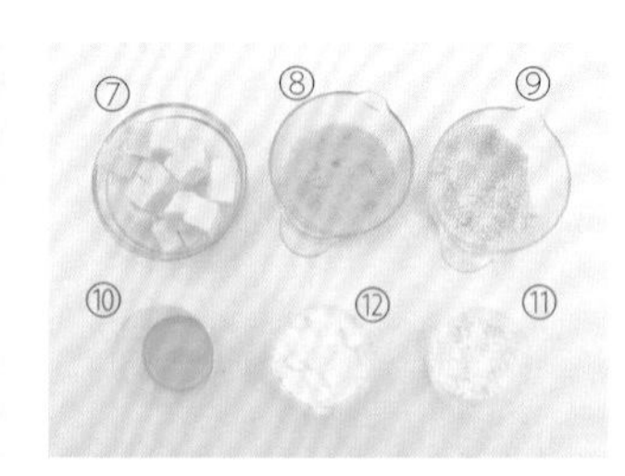

工具 TOOLS

菊花塔模（9cm）、慕斯模（9cm）、食物調理機、瓦斯爐、厚底單柄鍋、打蛋器、鋼盆、刮刀、擀麵棍、保鮮膜、抹刀、烤盤、塑膠袋、鐵盤、篩網、毛巾

步驟說明 STEP BY STEP

前置作業

01 預熱烤箱。

02 以保鮮膜順著慕斯模，覆蓋住底部。

03 奶油 a 切丁後冷藏；奶油 b 切丁後常溫回軟。

04 吉利丁以冰水泡軟，擠出多餘的冰水後，直接微波或隔熱水融化備用。
冰水須用飲用水，勿用生水。

05 粉類材料前一晚須放置冷凍備用。

06 奶油冷藏備用。

塔皮製作

07 在食物調理機中倒入米穀粉 a、糖粉 a、杏仁粉 a、鹽、奶油 a 後，打至呈現粉粒狀。

08 加入全蛋 a，攪拌均勻。

09 將步驟 8 材料倒入塑膠袋中，搓揉成團，直到看不到粉粒，即完成麵團製作。

塔皮製作

10 在桌上及麵團上撒上些取手粉（米穀粉），再以擀麵棍將麵團擀平至比菊花塔模大一些。
撒上手粉（米穀粉）較不易沾黏。

11 入模，並順著菊花塔模，將麵團貼合模具，即完成塔皮製作。
塔皮厚度約 0.5 公分。

12 以擀麵棍擀去多餘塔皮後，放入冰箱冷凍 10 分鐘，定型。
冷凍至表面變硬即可。

杏仁奶油製作

13 將奶油 b 放入鋼盆中，以打蛋器稍微打散。

14 加入米穀粉 b，攪拌均勻。

15 加入全蛋 b，攪拌均勻。

16 加入杏仁粉 b、糖粉 b，攪拌均勻。

17 加入蘭姆酒 b，以刮刀攪拌均勻，即完成杏仁奶油。

塔皮組裝及烘烤

18 取出冰箱中的塔皮，並以刮刀為輔助，將杏仁奶油填入塔皮表面。
不用填太滿，以免過度膨脹。

19 放入預熱好的烤箱，以上／下火 180℃烤約 10 分鐘。
出爐後等降溫再脫模。

20 將烤好的塔皮取出，放涼備用。

藍莓醬製作

21 將藍莓、二號砂糖倒入鍋中，以小火將二號砂糖煮至稍融。

22 以刮刀攪拌藍莓和二號砂糖，並將藍莓壓出果肉，繼續煮至濃稠。

23 加入蘭姆酒，拌勻，即完成藍莓醬，放涼，備用。

乳酪慕斯製作

24 將動物性鮮奶油以打蛋器打至 6 分發後，冷藏備用。

25 將奶油乳酪，以刮刀拌軟。

26 分別加入細砂糖、無糖優格與檸檬汁，以刮刀攪拌均勻。

27 加入步驟 25 的動物性鮮奶油，攪拌均勻，再加入融化好的吉利丁，即完成乳酪慕斯。

組裝

28 將乳酪慕斯填入慕斯模 1/2 處後，鋪上藍莓醬。

29 填入剩餘 1/2 的乳酪慕斯，以刮刀刮平表面，置入冷凍定型。

30 將放涼的塔皮脫模。

31 取出冷凍定型後的乳酪慕斯，先撕掉保鮮膜，再以熱毛巾敷於周圍，會較易脫模。

32 將脫模後的乳酪慕斯放在塔皮上方。

33 在乳酪慕斯上方放上藍莓裝飾，即可食用。
可依個人喜好在乳酪慕斯上方撒上些許糖粉，或加入碎檸檬皮增加風味。

TARTS

02

-RECIPE-

莓果塔

BERRY TART

材料 INGREDIENTS

塔皮

① 奶油 64g（冷藏）
② 全蛋 a 22g（冷藏）
③ 鹽 1g
④ 米穀粉 a 100g（冷凍）
⑤ 杏仁粉 22g（冷凍）
⑥ 糖粉 42g（冷凍）

草莓卡士達

⑦ 牛奶 38g
⑧ 草莓果泥 92g
⑨ 細砂糖 a 28g
⑩ 全蛋 b 11g
⑪ 蛋黃 22g
⑫ 細砂糖 b 21g
⑬ 米穀粉 b 11g

藍莓乳酪

⑭ 奶油乳酪 110g
⑮ 細砂糖 c 18g
⑯ 動物性鮮奶油 23g
⑰ 藍莓果醬 20g

裝飾

⑱ 草莓適量
⑲ 藍莓適量

莓果塔
製作影片 QRcode

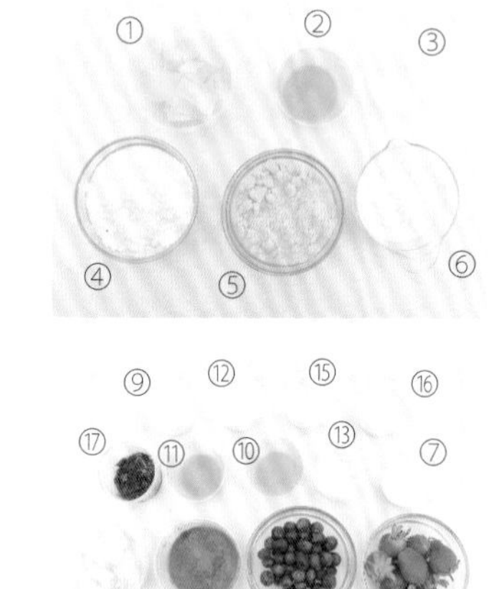

工具 TOOLS

塔圈（6cm）食物調理機、瓦斯爐、厚底單柄鍋、打蛋器、鋼盆、刮刀、塑膠袋、擀麵棍、水果刀、長尺、矽膠刷、剪刀、重石、油力士蛋糕紙、烤盤、擠花袋、OPP 塑膠紙

步驟說明 STEP BY STEP

前置作業

01 預熱烤箱。

02 在烤盤上鋪上烘焙紙。

03 草莓切除蒂頭、切半（不須清洗，可噴食物消毒劑後擦乾淨，或是清洗後快速仔細擦乾，才不易太快爛）。

04 在塔圈內側塗抹奶油，會較好脫模。

05 粉類材料前一晚須放置冷凍備用。

06 奶油切小丁冷藏備用。

塔皮製作及烘烤

07 在食物調理機中倒入米穀粉 a、糖粉、杏仁粉、鹽、奶油後，打至呈現粉粒狀。

08 加入全蛋 a，攪拌均勻。

09 將步驟 8 材料倒入塑膠袋中，搓揉成團，直到看不到粉粒，即完成麵團製作。

10 以 OPP 塑膠紙包覆住麵團後，以擀麵棍將麵團擀平，厚度約 0.3 公分。
可在麵團兩側放金屬尺，以確定麵團厚薄均勻。

11 放置冷凍庫，冷凍靜置約 20 分鐘定型，再從冷凍取出。
冷凍至表面變硬即可。

12 以刀子切出長條形麵團，寬度以塔圈寬度為主。

13 將長條形麵團放入塔圈內側，並用手按壓將麵團接合點壓平。

14 承步驟 13，以塔圈壓出圓形麵團，做出塔皮的底部。

15 以刀子將高於塔圈的麵團修掉後，將塔圈放在烤盤上。

16 在塔圈的麵團上方放上油力士蛋糕紙後，放入重石。
壓上重石避免塔皮過度膨脹。

17 放入預熱好的烤箱，以上/下火 180℃，烤 12 分鐘。

18 出爐後，取出重石，放入烤箱中，以上/下火 180℃，烤至上色。

19 在塔皮表面均勻刷上蛋黃液，再以上/下火 180℃烤 5 分鐘上色後，脫模，放涼備用。
蛋黃液可隔絕內餡，以避免因內餡的水分導致塔皮軟化。

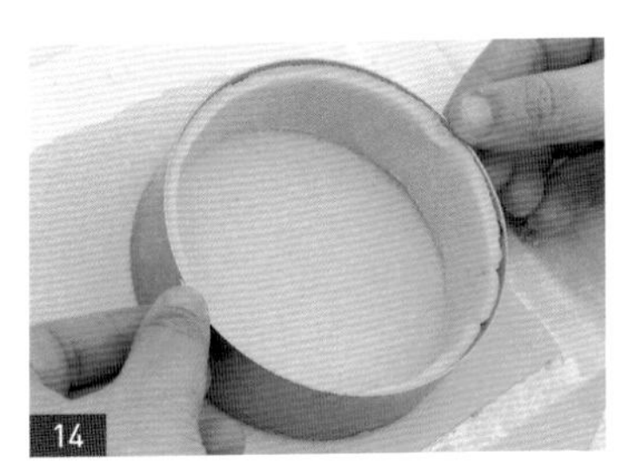
14

16

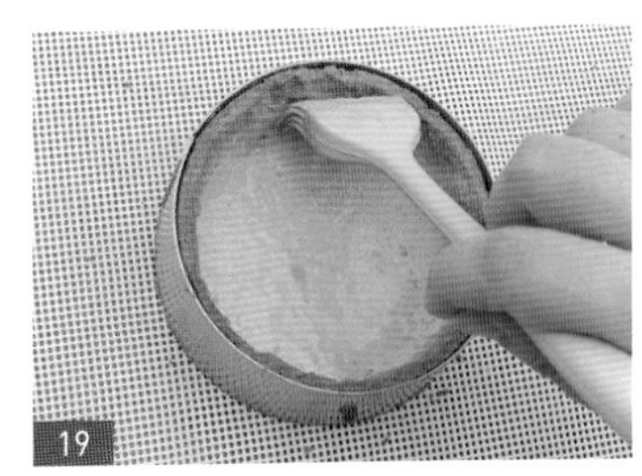
19

草莓卡士達製作

20 將草莓果泥、牛奶、細砂糖 a 倒入鍋中，拌勻，以小火煮至鍋邊冒泡。

21 將全蛋 b、蛋黃、細砂糖 b 與米穀粉 b 混合後，以打蛋器拌勻，即完成蛋黃糊，備用。

22 將步驟 20 沖入步驟 21 的材料中，一邊沖入一邊攪拌，避免高溫讓蛋熟掉，拌勻。

23 承步驟 22，倒回鍋中煮至濃稠。

24 熄火，倒入另一空鍋中，表面蓋上保鮮膜（須把保鮮膜緊貼卡士達醬），降溫，即完成草莓卡士達。

若保鮮膜不緊貼，可能造成水珠滴入卡士達醬，導致腐敗。

25 將草莓卡士達裝入擠花袋中，備用。

藍莓乳酪製作

26 將奶油乳酪，以刮刀拌軟。

27 分別加入細砂糖 c、動物性鮮奶油、藍莓果醬，以刮刀攪拌均勻，即完成藍莓乳酪。

28 將藍莓乳酪裝入擠花袋中，備用。

組裝

29 在塔皮內填入 1/2 高的藍莓乳酪。

30 取草莓卡士達，填滿塔皮。

31 在草莓卡士達上方，放上草莓、藍莓，裝飾，即可食用。

草莓若清洗易爛，建議噴上食物消毒劑並擦拭就好。

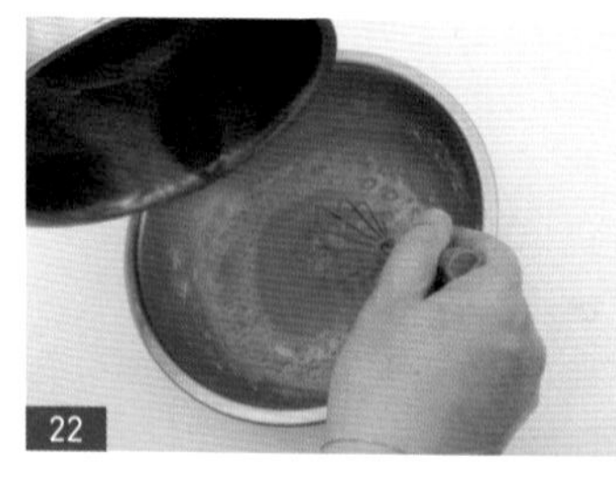

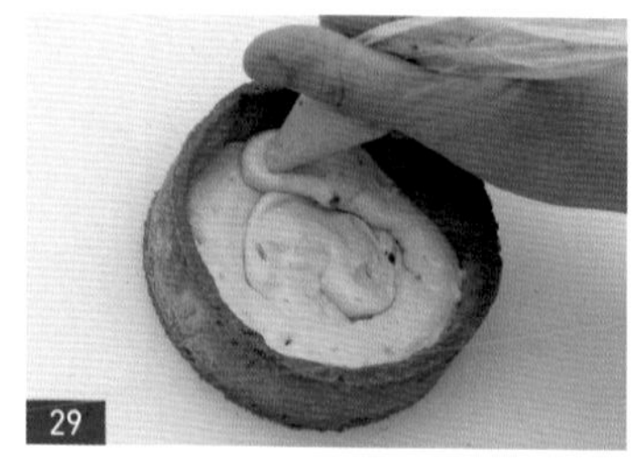

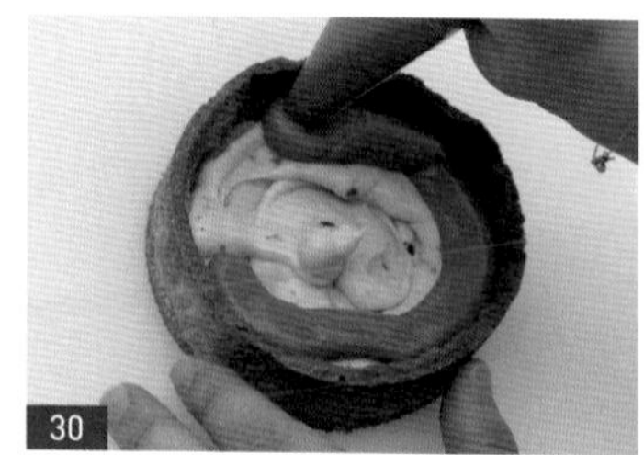

TARTS

03

-RECIPE-

蘋果塔

APPLE TART

材料 INGREDIENTS

塔皮

① 鹽 2g
② 糖粉 66g（冷凍）
③ 全蛋 33g（冷藏）
④ 奶油 a 96g（冷藏）
⑤ 杏仁粉 33g（冷凍）
⑥ 米穀粉 a 150g（冷凍）

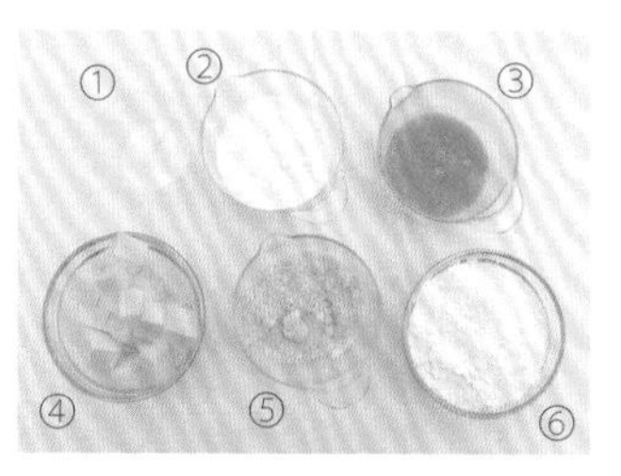

蘋果塔
製作影片 QRcode

餡料

⑦ 蘋果 2 顆（切丁）
⑧ 奶油 b 10g
⑨ 二號砂糖 50g
⑩ 肉桂粉 1 ～ 2g
⑪ 蜂蜜 6g
⑫ 檸檬汁 12g
⑬ 米穀粉 b 8g
⑭ 白蘭地 20g

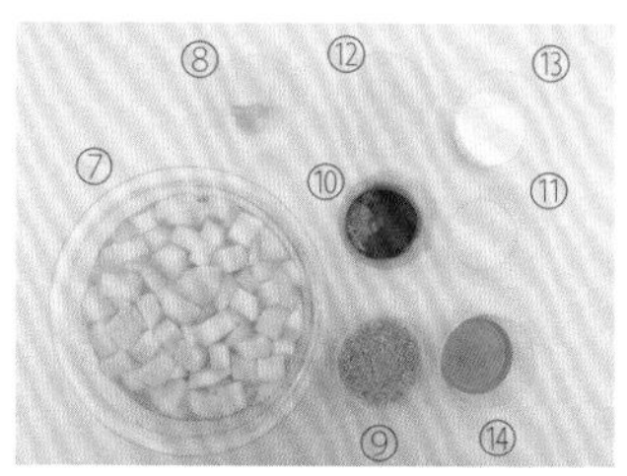

工具 TOOLS

菊花塔模（9cm）、食物調理機、瓦斯爐、厚底單柄鍋、刮刀、塑膠袋、擀麵棍、刮板、矽膠刷、抹刀、長尺、OPP 塑膠紙

步驟說明 STEP BY STEP

前置作業

01 預熱烤箱。

02 在烤盤上鋪上烘焙紙。

03 奶油切丁後冷藏；蘋果切丁。

04 檸檬汁、米穀粉與白蘭地拌勻備用。

05 粉類材料前一晚須放置冷凍備用。

塔皮製作

06 在食物調理機中倒入米穀粉 a、糖粉、杏仁粉、鹽、奶油 a 後，打至呈現粉粒狀。

07 加入全蛋，攪拌均勻。

08 將步驟 7 材料倒入塑膠袋中，搓揉成團，直到看不到粉粒，即完成麵團製作。

09 將麵團分成兩等分。

10 在桌上及麵團上撒上些取手粉（米穀粉），取其中一份麵團，再以擀麵棍將麵團擀平至比菊花塔模大。

撒上手粉（米穀粉）較不易沾黏。
麵團厚度約 0.3 ～ 0.5 公分。

11 入模，並順著菊花塔模，將麵團貼合模具，即完成塔皮製作。

塔皮製作

12 以擀麵棍去多餘塔皮後，放入冰箱冷凍 10 分鐘，定型。

冷凍至表面變硬即可。

13 取步驟 9 另一份麵團，放在 OPP 塑膠紙上，並以擀麵棍壓平，厚度約 0.3 公分。

14 將麵團放入冷凍，定型 10 分鐘後取出，並以刮板切出 1 ～ 2 公分的長條形麵團，備用。

餡料製作

15 將蘋果、奶油 b、二號砂糖倒入鍋中，以刮刀攪拌後後，並煮至呈透明狀。

16 加入肉桂粉、蜂蜜、白蘭地，拌勻。

17 將檸檬汁倒入米穀粉 b 中，以刮刀攪拌均勻

米穀粉容易結粒，可先與液體材料拌勻後再加入鍋中拌炒。

18 在鍋中加入步驟 17 的材料，拌勻後，即完成蘋果餡，放涼備用。

烘烤及裝飾

19 先將塔皮從冷凍取出，再將蘋果餡放入塔皮中。

20 在塔皮邊緣塗上蛋液。

21 將長條形麵團，以格子狀交錯鋪平。

22 去除多餘長條形麵團後，在表面刷上蛋液。

23 放入預熱好的烤箱，以上／下火 180℃烤約 12 ～ 15 分鐘。

24 出爐，脫模，即可食用。

TARTS

04

-RECIPE-

乳酪塔

CHEESE TART

材料 INGREDIENTS

塔皮

① 鹽 2g
② 牛奶 27g（冷藏）
③ 米穀粉 a 100g（冷凍）
④ 奶油 a 80g（冷藏）

杏仁奶油

⑤ 全蛋 a 13g
⑥ 蘭姆酒 3g
⑦ 奶油 b 13g（軟化）
⑧ 杏仁粉 13g
⑨ 糖粉 13g
⑩ 米穀粉 b 5g

乳酪餡

⑪ 奶油乳酪 100g
⑫ 細砂糖 30g
⑬ 全蛋 b 11g
⑭ 動物性鮮奶油 40g
⑮ 米穀粉 c 9g
⑯ 檸檬汁 10g

乳酪塔
製作影片 QRcode

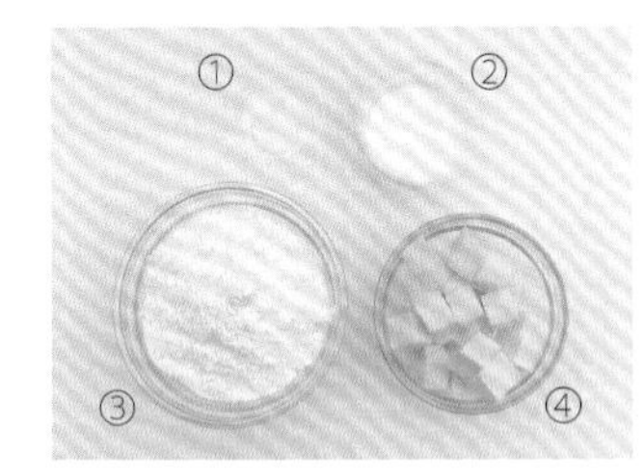

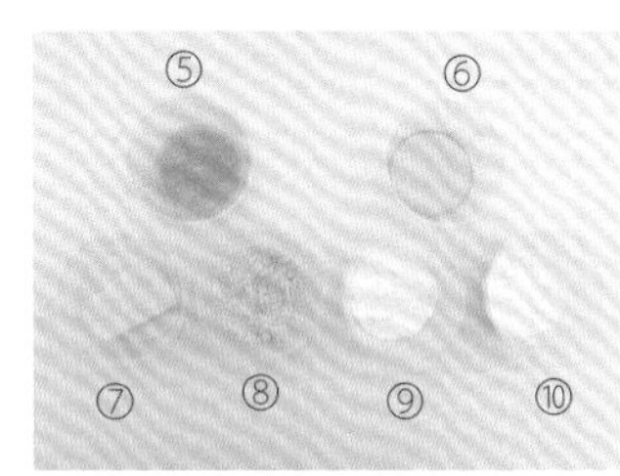

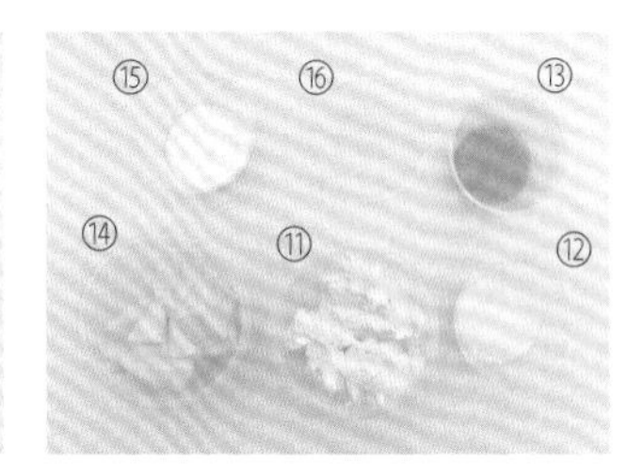

工具 TOOLS

菊花塔模（9cm）、食物調理機、打蛋器、鋼盆、刮刀、塑膠袋、電子秤、擠花袋、剪刀、烤盤

步驟說明 STEP BY STEP

前置作業

01 預熱烤箱。

02 奶油切丁後冷藏。

03 粉類材料前一晚須放置冷凍備用。

塔皮製作

04 在食物調理機中倒入米穀粉 a、鹽、奶油 a 後，打至呈現粉粒狀。

05 加入牛奶，攪拌均勻。

06 將步驟 5 材料倒入塑膠袋中，搓揉成團，直到看不到粉粒，即完成麵團製作。

07 將麵團分成六等分，並用手將麵團搓揉成可入模的大小。

08 入模，並順著塔模，將麵團壓平，即完成塔皮製作。

可準備一些手粉（米穀粉）沾手，在搓揉並整形麵團時，較不易黏手。

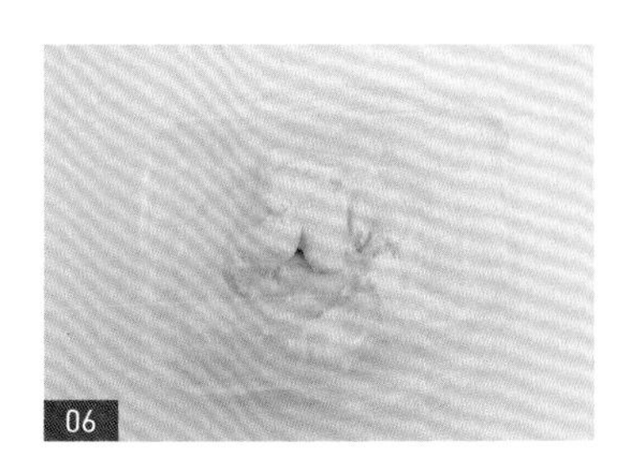

杏仁奶油製作

09 將奶油 b、糖粉放入鋼盆中，以刮刀稍微拌勻。

10 加入全蛋 a，攪拌均勻。

11 加入杏仁粉、米穀粉 b，攪拌均勻。

12 加入蘭姆酒，以刮刀攪拌均勻，即完成杏仁奶油。

乳酪餡製作

13 將奶油乳酪倒入鋼盆中，以刮刀稍微壓拌。

14 加入細砂糖，攪拌均勻。

15 加入全蛋 b，攪拌均勻。

16 加入動物性鮮奶油，攪拌均勻。

17 加入米穀粉 c，攪拌均勻。

18 加入檸檬汁，攪拌均勻，即完成乳酪餡。

組合及烘烤

19 將杏仁奶油裝入擠花袋中，並以剪刀在尖端剪一開口。

20 將杏仁奶油擠入塔模底部。

杏仁奶油擠薄薄一層就好，不要擠太多。

21 放入預熱好的烤箱，以上／下火 200℃，烤 11 分鐘。

22 將乳酪餡裝入擠花袋中，並以剪刀在尖端剪一開口。

23 將乳酪餡填滿步驟 21 烤好的塔皮中間，再以上／下火 200℃，烤 5 分鐘。

24 出爐，放涼後，脫模，即可食用。

TARTS

05

-RECIPE-

生巧克力櫻桃塔

CHOCOLATE TART

材料 INGREDIENTS

生巧克力櫻桃塔
製作影片 QRcode

塔皮

① 杏仁粉 35g（冷凍）
② 牛奶 a 20g（冷藏）
③ 細砂糖 a 30g（冷凍）
④ 可可粉 10g（冷凍）
⑤ 米穀粉 95g（冷凍）
⑥ 奶油 a 60g（冷藏）

甘納許

⑦ 動物性鮮奶油 110g
⑧ 55% 黑巧克力 70g
⑨ 70% 黑巧克力 70g
⑩ 奶油 c 30g（常溫放軟）
⑪ 櫻桃酒 14g

巧克力脆片

⑫ 巴芮脆片 50g
⑬ 牛奶巧克力 35g

焦糖脆片

⑭ 細砂糖 b 38g
⑮ 牛奶 b 15g
⑯ 玉米糖漿 13g
⑰ 奶油 b 30g
⑱ 黑巧克力 5g
⑲ 可可碎粒 14g
⑳ 榛果粉 19g

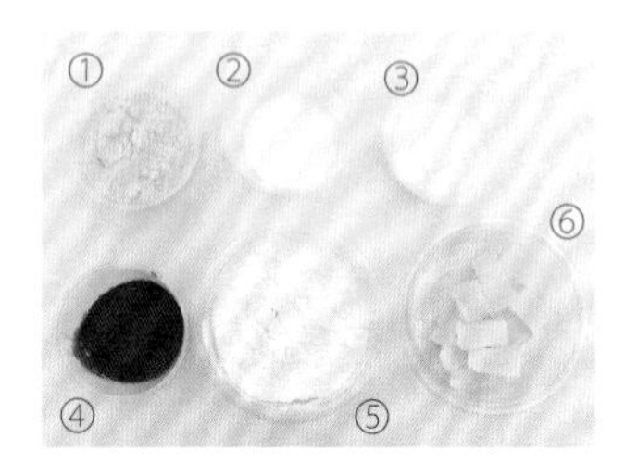

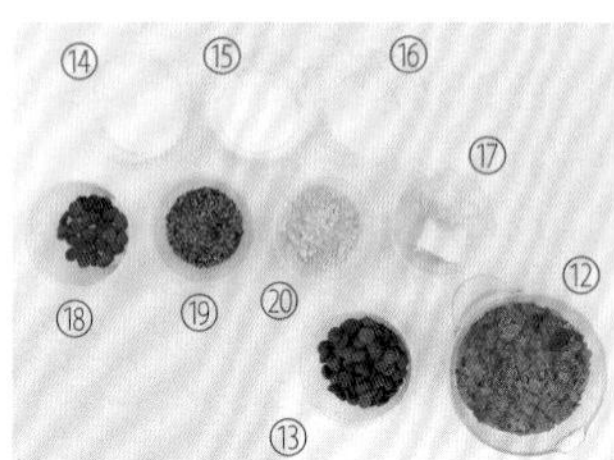

工具 TOOLS

塔圈（6cm）、食物調理機、刮刀、塑膠袋、刮板、擀麵棍、抹刀、重石、烘焙布、微波爐、電子秤、厚底單柄鍋、瓦斯爐

步驟說明 STEP BY STEP

前置作業

01 預熱烤箱。

02 奶油 a 切丁後冷藏；奶油 b 切丁後放軟。

03 在烤盤上鋪上烘焙布。

04 粉類材料前一晚須放置冷凍備用。

塔皮製作

05 在食物調理機中倒入米穀粉、可可粉、杏仁粉、細砂糖 a、奶油 a 後，打至呈現粉粒狀。

06 加入牛奶 a，攪拌均勻。

07 將步驟 6 材料倒入塑膠袋中，搓揉成團，直到看不到粉粒，即完成麵團製作。

塔皮製作

08 將麵團平分成四等分。

09 在桌上及麵團上撒上些取手粉（米穀粉），再以擀麵棍將麵團擀平至比烤模大。
撒上手粉（米穀粉）較不易沾黏。

10 入模，並順著模具，將麵團貼合模具，並以抹刀將模具上方，過多的麵團刮除，即完成塔皮製作。

11 放入冰箱冷凍 10 分鐘，定型。
冷凍至表面變硬即可。

巧克力脆片製作

12 將牛奶巧克力放入微波爐加熱約 20 秒，再以刮刀拌勻。

13 加入巴芮脆片，拌勻，即完成巧克力脆片。

焦糖脆片製作

14 在空鍋中倒入奶油 b、牛奶 b、細砂糖 b、玉米糖漿，以刮刀邊拌邊煮至滾。

15 倒入可可碎粒、榛果粉與黑巧克力，拌勻，即完成麵糊。

16 將麵糊倒在烘焙布上，並以上／下火 170℃，烤 10 分鐘。

17 出爐後，放涼後，用手捏成小塊，即完成焦糖脆片。

烘烤

18 取出冰箱中的塔皮，在烤模的麵團上方放上烘焙紙後，放上重石。
   壓上重石避免塔皮過度膨脹。

19 放入預熱好的烤箱，以上火 200℃／下火 210℃，烤約 8 分鐘。

20 出爐後，取出重石，放入烤箱中，以上火 200℃／下火 210℃，烤至上色。

21 出爐後，放涼並脫模。

甘納許製作

22 將動物性鮮奶油、55% 黑巧克力與 70% 黑巧克力混合。

23 以微波爐加熱約 20 秒，並以刮刀攪拌均勻。
   若巧克力仍是固體的狀態，可再次加熱，直至巧克力融化，但不可過度加熱，以免巧克力燒焦，或造成油水分離。

24 加入奶油 c，拌至融化。

25 加入櫻桃酒，拌勻，即完成甘納許製作。

組裝

26 脫模，在塔皮內放入巧克力脆片。

27 倒入甘納許，填滿塔皮。
   可再加入酒漬櫻桃粒，以增加風味。

28 將焦糖脆片斜插入甘納許內，待甘納許凝固，即可食用。

TARTS

06

-RECIPE-

法式檸檬塔

LEMON TART

材料 INGREDIENTS

塔皮

① 糖粉 70g（冷凍）
② 杏仁粉 85g（冷凍）
③ 米穀粉 95g（冷凍）
④ 全蛋 a 35g（冷藏）
⑤ 奶油 a 84g（冷藏）
⑥ 鹽 2g

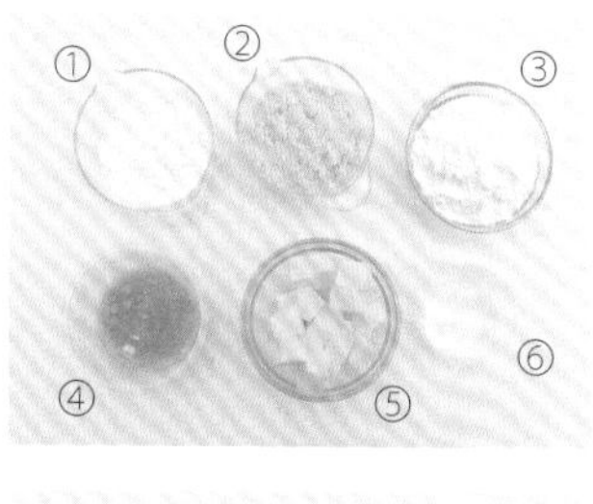

法式檸檬塔
製作影片 QRcode

內餡

⑦ 檸檬汁 120g
⑧ 全蛋 b 150g
⑨ 蛋黃 50g
⑩ 細砂糖 a 150g
⑪ 奶油 b 60g（冷藏）
⑫ 檸檬皮適量

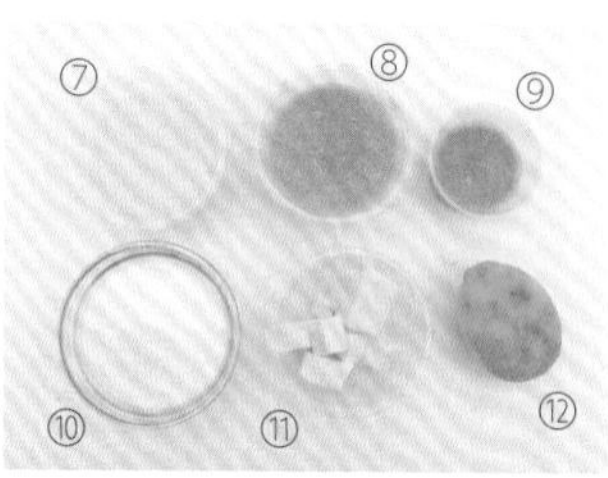

義大利蛋白霜

⑬ 蛋白 60g
⑭ 細砂糖 b 100g
⑮ 水 30g

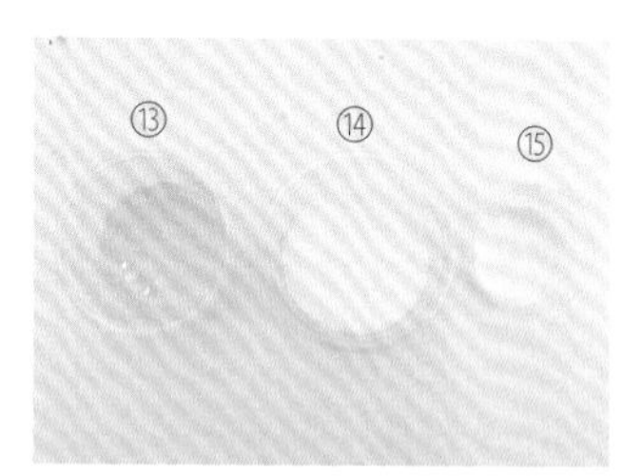

工具 TOOLS

塔圈（6cm）、食物調理機、瓦斯爐、厚底單柄鍋、電動打蛋器、打蛋器、鋼盆、刮刀、塑膠袋、長尺、擀麵棍、水果刀、烤盤、鋁箔紙、刨刀器、紅外線溫度計、烘焙紙、筆式溫度計、花嘴、擠花袋、水彩筆、噴火槍、篩網、OPP 塑膠紙、重石

步驟說明 STEP BY STEP

前置作業

01 預熱烤箱。

02 在烤盤上鋪上烘焙紙。

03 在塔圈內側塗抹奶油，會較好脱模。

04 擠花袋尖端剪出開口，裝上花嘴。

05 奶油切丁後冷藏。

06 粉類材料前一晚須放置冷凍備用。

塔皮製作及烘烤

07 在食物調理機中倒入米穀粉、杏仁粉、糖粉、鹽、奶油 a 後，打至呈現粉粒狀。

08 加入全蛋 a，攪拌均勻。

09 將步驟 8 材料倒入塑膠袋中，搓揉成團，直到看不到粉粒，即完成麵團製作。

10 以 OPP 塑膠紙包覆住麵團後，以擀麵棍將麵團擀平，厚度約 0.3 ～ 0.5 公分。
可在麵團兩側放金屬尺，以確定麵團厚薄均勻。

11 放置冷凍庫，冷凍靜置約 10 分鐘。
冷凍至表面變硬即可。

12 取出冷凍後的麵團，以塔圈測量麵團高度，並以刀子切出長條形麵團。

13 將長條形麵團放入塔圈內側，並以刀子切去過長的麵團後，用手將接合點壓平。

14 以塔圈壓出圓形麵團，做為塔皮的底部，並與塔圈黏合。

15 放置冷凍庫，冷凍靜置約 10 分鐘，定型。

16 在塔圈的麵團上方放上鋁箔紙後，放上重石。
壓上重石避免塔皮過度膨脹。

17 放入預熱好的烤箱，以上/下火 180℃，烤 20 分鐘。

18 出爐後，取出重石，放入烤箱中，以上/下火 180℃，烤至上色。

19 出爐，脫模，放涼備用。

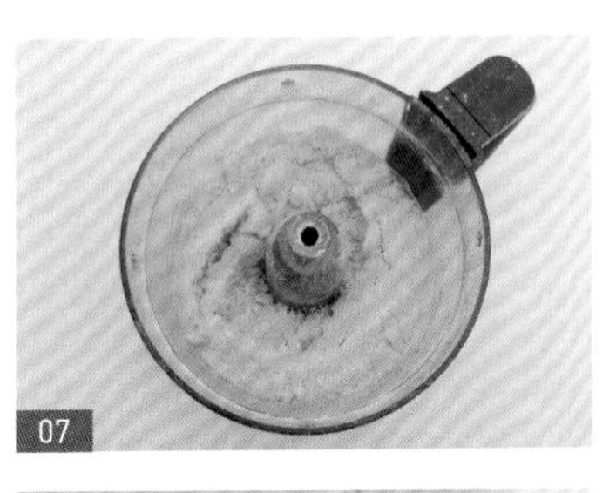
07

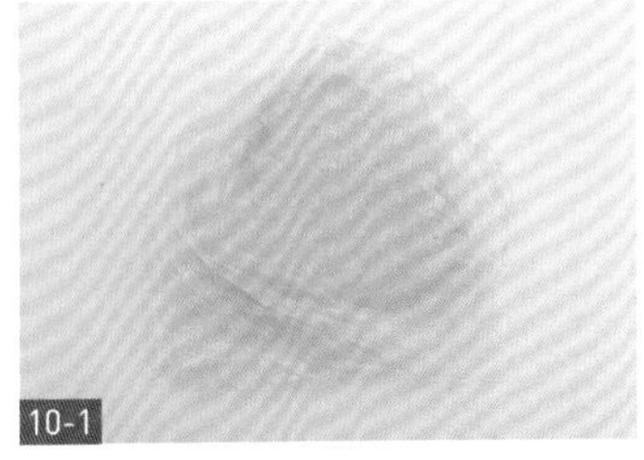
10-1

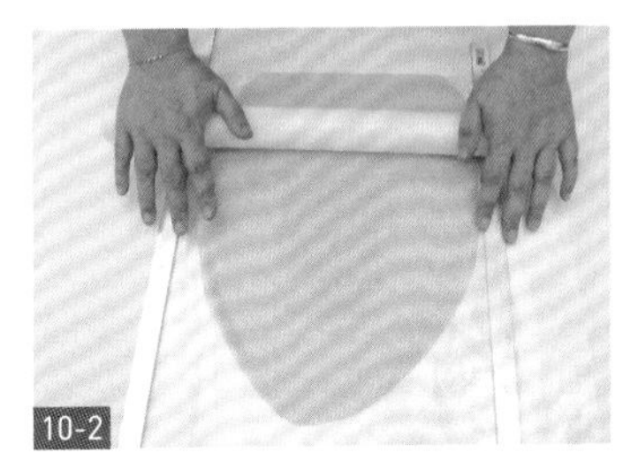
10-2

12

16

內餡製作及裝填

20 將檸檬汁、細砂糖 a、全蛋 b、蛋黃倒入厚底單柄鍋中，以打蛋器攪拌均勻。
一定要使用厚底鍋，以免燒焦。

21 以刨刀器刨出檸檬皮，加入鍋中後，煮至濃稠。

22 以篩網將步驟 21 的材料過篩後，加入奶油 b 拌勻，即完成內餡製作。
煮至 82 ～ 85°C，即可過篩。

義大利蛋白霜製作

23 同時
將水、細砂糖 b 煮至 110°C。
煮糖水時不要攪拌，會反砂。
以電動打蛋器將蛋白打成蛋白霜。

24 當糖水煮至 118°C 後沖入正在攪打的蛋白霜內。

25 繼續打發，待溫度下降後，裝入擠花袋，即完成義大利蛋白霜。

組裝

26 將內餡填入塔皮並冷藏至凝固。

27 取出冷藏後的塔，並擠上蛋白霜裝飾。
可撒糖粉於周圍裝飾。

28 以噴火槍烤出褐色造型。

29 以刨刀器刨出碎檸檬皮，裝飾，即可食用。

海鮮鹹塔

SEAFOOD QUICHE

材料 INGREDIENTS

塔皮

① 牛奶 a 60g（冷藏）
② 鹽 a 2g
③ 米穀粉 100g（冷凍）
④ 奶油 80g（切 1cm³ 冷藏）

餡料

⑤ 甜椒 1/4 顆（切丁）
⑥ 洋蔥半顆（切丁）
⑦ 小干貝 10 顆
⑧ 蝦 10 隻
⑨ 帕瑪森起司適量

蛋奶液

⑩ 牛奶 b 20g
⑪ 動物性鮮奶油 200g
⑫ 全蛋 75g
⑬ 鹽 b 4g
⑭ 黑胡椒適量

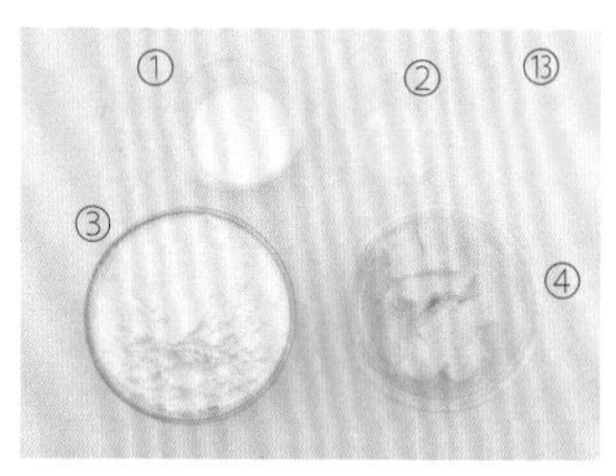

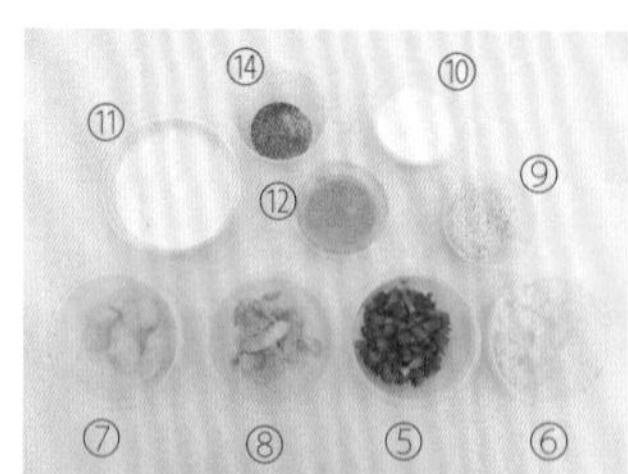

海鮮鹹塔
製作影片 QRcode

工具 TOOLS

橢圓形塔模（10.5×6.5×5cm）、食物調理機、瓦斯爐、平底鍋、打蛋器、鋼盆、刮刀、塑膠杯、塑膠袋、烘焙紙、篩網、紙巾、抹刀

步驟說明 STEP BY STEP

前置作業

01 預熱烤箱。

02 甜椒、洋蔥切丁；奶油切丁 1cm 後冷藏。

03 粉類材料前一晚須放置冷凍備用。

塔皮製作

04 在食物調理機中倒入米穀粉、鹽 a、奶油後，打至呈現粉粒狀。

05 加入牛奶 a，攪拌均勻。

06 將步驟 5 材料倒入塑膠袋中，搓揉成團，直到看不到粉粒，即完成麵團製作。

07 將麵團分成五塊，並用手將麵團搓揉成可入模的大小。

08 入模，並順著塔模，將麵團壓平，即完成塔皮製作。

可準備一些手粉（米穀粉）沾手，在搓揉並整形麵團時，較不易黏手。
可用小抹刀切除多餘的麵團。

餡料製作

09 熱鍋，倒入些許油，將甜椒丁、洋蔥丁分別炒熟，並用紙巾吸乾水分。
油是配方外的材料。

10 將蝦、小干貝乾煎至表面呈現金黃色後，用紙巾吸乾水分。

蛋奶液製作

11 將動物性鮮奶油、牛奶 b、全蛋與鹽 b 拌勻。

12 以篩網為輔助，將步驟 11 的材料過篩。
過篩是為了除去蛋液中的臍帶，避免影響成品口感。

13 加入黑胡椒，以刮刀攪拌均勻，即完成蛋奶液。

組合及烘烤

14 在塔皮上放入炒熟後的甜椒丁、洋蔥丁，再撒上些許帕瑪森起司。

15 放上炒熟後的蝦、小干貝。

16 倒入蛋奶液，並填滿塔模。

17 撒上帕瑪森起司。

18 放入預熱好的烤箱，以上火 200℃／下火 190℃，烤約 22 ～ 25 分鐘。
看塔皮顏色及塔的表面顏色是否有均勻的烤焙色。

19 出爐，即可食用。
若放涼後要食用，可以回烤一下會更美味，上火 200°C／下火 200°C，烤 5 分鐘。

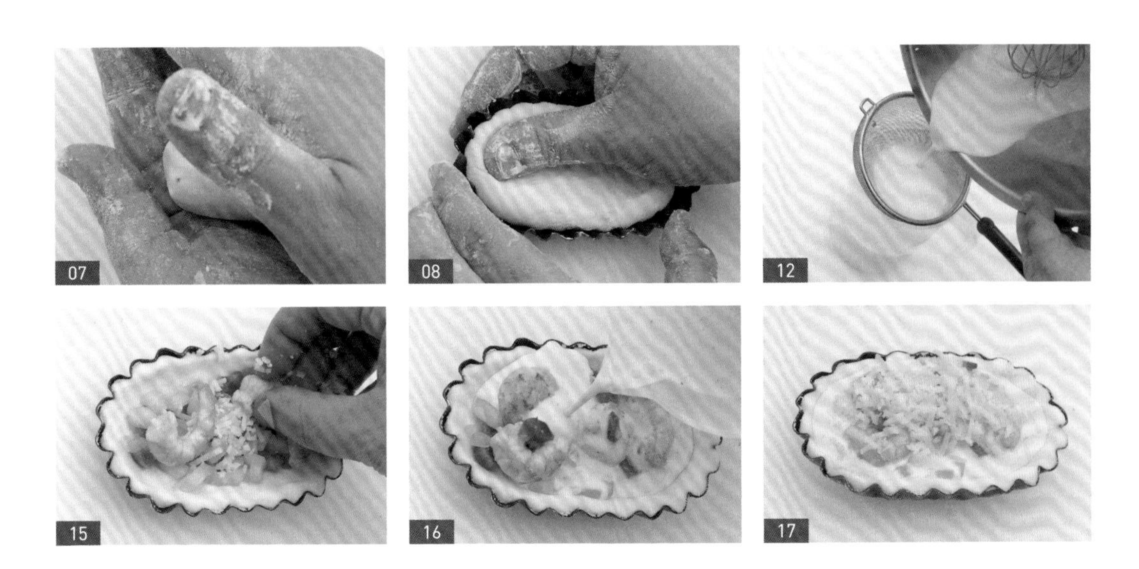
07 08 12 15 16 17

TARTS

08

-RECIPE-

番茄布丁鹹塔

TOMATO QUICHE

材料 INGREDIENTS

塔皮

① 鹽 a 2g
② 牛奶 a 27g（冷藏）
③ 米穀粉 100g（冷凍）
④ 奶油 80g（冷藏）

蛋奶液

⑤ 鹽 b 2g
⑥ 動物性鮮奶油 25g
⑦ 全蛋 75g
⑧ 牛奶 b 50g

內餡

⑨ 小番茄適量
⑩ 帕瑪森乳酪絲 15g
⑪ 熱狗 85g
⑫ 黑橄欖 6 顆
⑬ 莫札瑞拉乳酪 30g
⑭ 羅勒少許

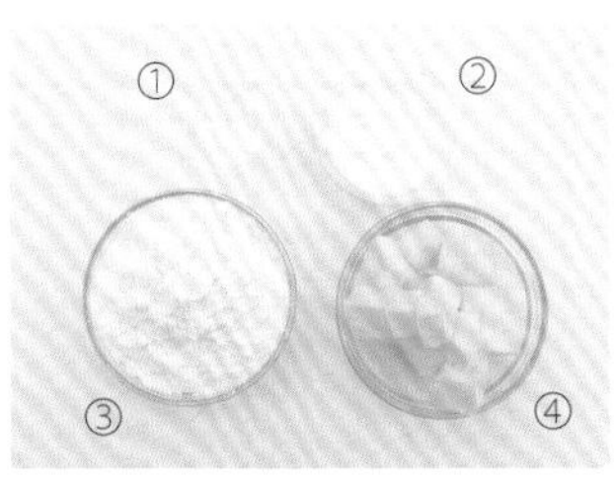

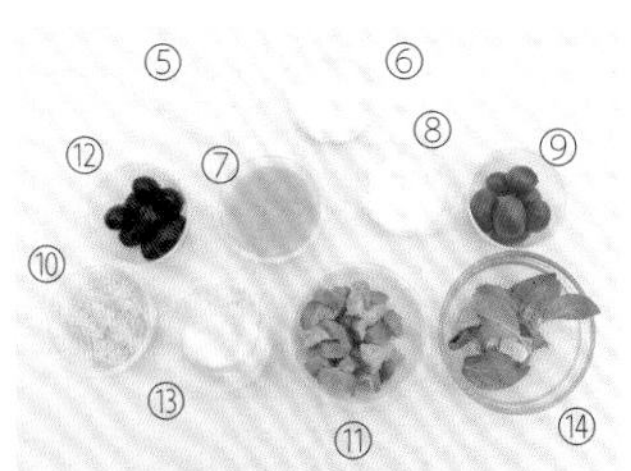

番茄布丁鹹塔
製作影片 QRcode

工具 TOOLS

菊花塔模（9cm）、菊花塔模（直徑 7.5cm）、食物調理機、打蛋器、鋼盆、塑膠袋、電子秤、擀麵棍、水果刀、塑膠杯、烤盤、抹刀、篩網

步驟說明 STEP BY STEP

前置作業

01 預熱烤箱。

02 奶油切丁後冷藏。

03 將黑橄欖、小番茄、熱狗切成小塊。

04 粉類材料前一晚須放置冷凍備用。

塔皮製作

05 在食物調理機中倒入米穀粉、鹽 a、奶油後，打至呈現粉粒狀。

06 加入牛奶 a，攪拌均勻。

07 將步驟 6 材料倒入塑膠袋中，搓揉成團，直到看不到粉粒，即完成麵團製作。

08 將麵團分成兩份，每份麵團可以製作出一大一小的塔皮。

09 在桌上及麵團上撒上些許手粉（米穀粉），取其中一份麵團，再以擀麵棍將麵團擀平至比菊花塔模大。

撒上手粉（米穀粉）較不易沾黏。

塔皮製作

10 入模，並順著菊花塔模，將麵團貼合模具，即完成塔皮製作。

11 以擀麵棍擀去多餘塔皮後，放入冰箱冷凍 10 分鐘，定型。
冷凍至表面變硬即可。

蛋奶液製作

12 將全蛋、動物性鮮奶油、牛奶 b、與鹽 b 拌勻。

13 以篩網為輔助，將步驟 12 的材料過篩，即完成蛋奶液。

組合及烘烤

14 先將塔皮從冷凍取出，再將小番茄、帕瑪森乳酪絲放入菊花塔模中。

15 將莫札瑞拉乳酪撕成小塊後放入菊花塔模中。

16 依序放入熱狗、黑橄欖。

17 倒入蛋奶液填滿每個塔皮。
喜愛羅勒的人，可加入羅勒。

18 放上帕瑪森乳酪絲後，放入預熱好的烤箱，以上／下火 200℃，烤 10 分鐘。
也可在此時放入羅勒。
可依個人口味撒上適量黑胡椒。

19 出爐後，撒上羅勒，以上／下火 200℃，烤 5 分鐘。

20 出爐，放涼後，脫模，即可食用。

CHAPTER 07

麵包

BREAD

麵團製作及發酵方法

步驟說明 STEP BY STEP

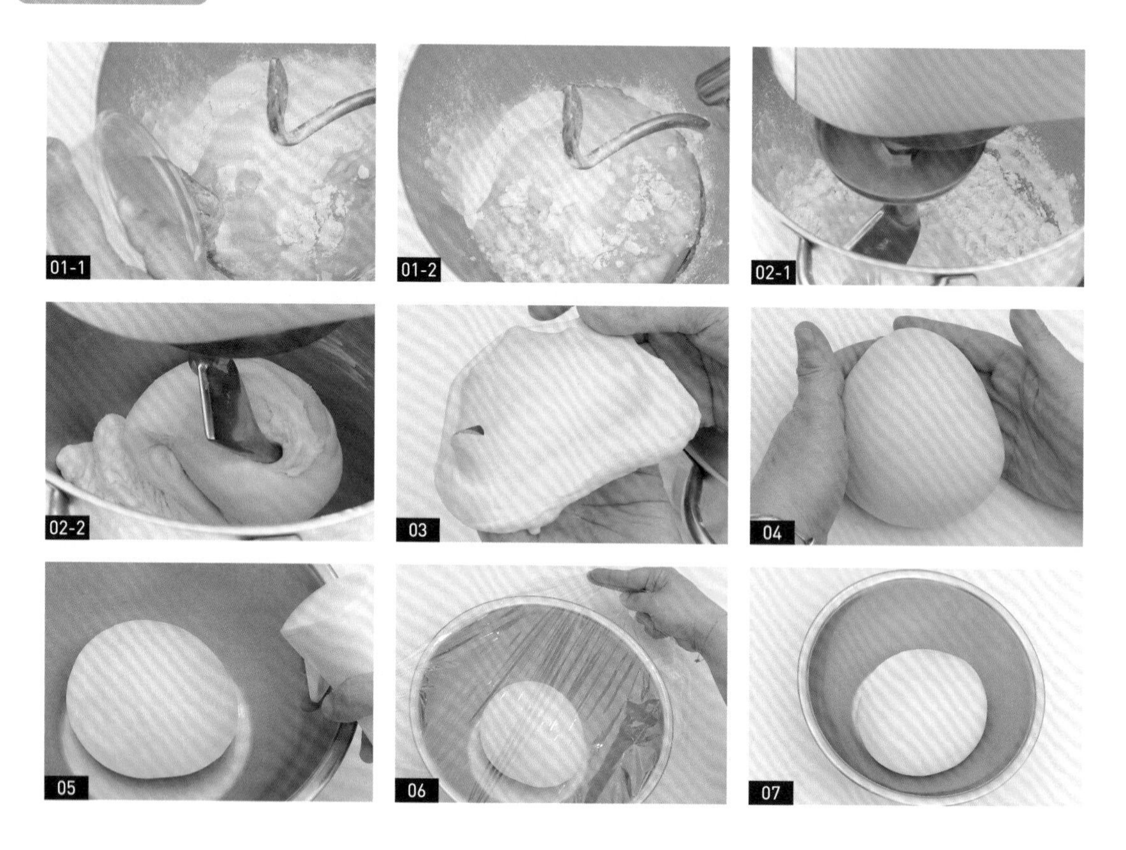

01 在桌上型攪拌器中倒入強力米穀粉、細砂糖、鹽、新鮮酵母、全蛋、葡萄籽油與水。

若使用速發酵母，份量為新鮮酵母的 1/3；若聽到打麵團時發出「啪啪」聲，就是接近完成。

02 以低速攪打 2 分鐘後，再以中速打 6 分鐘。

03 取一小塊麵團，檢查麵團是否可以拉出薄膜，及是否達到想要的筋性。

薄膜須具延展性，不會一拉就破。

04 將麵團放在桌面上，並用掌心為輔助，滾成圓形。

05 將麵團放入鋼盆後，在表面噴水。

06 將鋼盆覆蓋上保鮮膜後，基礎發酵 40 分鐘。

待麵團變成原本 1.5 ～ 2 倍大即可。

07 如圖，麵團製作完成。

TIP

若無強力米穀粉，可直接用一般米穀粉或一般米穀粉內添加 17% 小麥蛋白，但麵包類製品不建議只有使用一般米穀粉，除了成品會較矮、口感也較硬，操作上也較不易。若還是想要用一般米穀粉，可以試著用湯種的方式製作，可使麵包口感鬆軟一些。

BREAD

01

-RECIPE-

紅酒桂圓麵包

RED WINE & DRIED LONGAN BREAD

材料 INGREDIENTS

① 紅酒桂圓 80g
② 強力米穀粉 394g
③ 水 138g
④ 新鮮酵母 14g
⑤ 細砂糖 6g
⑥ 鹽 4g
⑦ 蜂蜜 24g
⑧ 紅酒 118g
⑨ 奶油 24g
⑩ 核桃 43g

紅酒桂圓麵包
製作影片 QRcode

工具 TOOLS

桌上型攪拌器、鋼盆、保鮮膜、刮板、電子秤、噴霧罐、擀麵棍、水果刀、烤盤、篩網

步驟說明 STEP BY STEP

前置作業

01 預熱烤箱。

02 新鮮酵母捏碎備用。

03 紅酒桂圓作法：將 40g 乾桂圓倒入 40g 紅酒中浸泡一晚，即完成紅酒桂圓。

桂圓前一晚一定要先泡開，才不會太硬。

麵團製作

04 在桌上型攪拌器中倒入強力米穀粉、新鮮酵母、紅酒、水、鹽、細砂糖、蜂蜜後，以低速攪打 2 分鐘。

若使用速發酵母，份量為新鮮酵母的 1/3。

05 加入奶油，以中速打 6 分鐘。

聽到打麵團時發出「啪啪」聲，就是接近完成。

06 取一小塊麵團，檢查麵團是否可以拉出薄膜，及是否達到想要的筋性。

薄膜須具延展性，不會一拉就破。

07 加入紅酒桂圓、核桃，以低速攪打。

在放入紅酒桂圓前，須擠掉多餘水分；易碎的餡料不建議過早放入攪拌，以免過碎。

08 將麵團放在桌面上，並用掌心為輔助，滾成圓形。

在滾圓前，先將紅酒桂圓和核桃收進麵團中間。

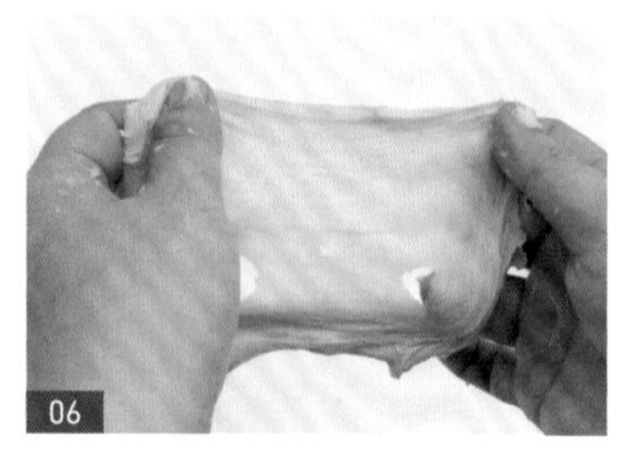
06

08

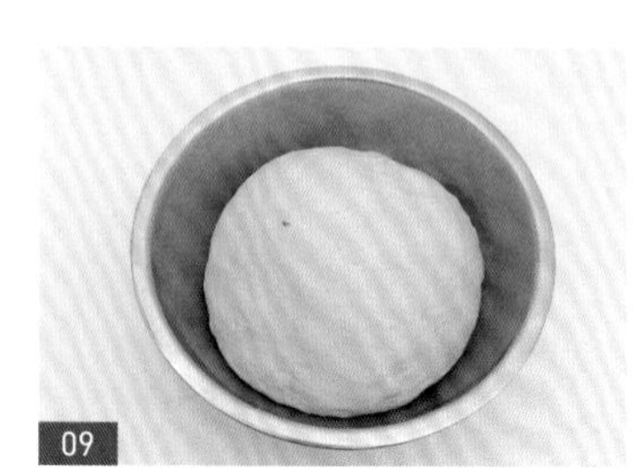
09

麵團製作

09 將麵團放入鋼盆後，在表面噴水。

10 將鋼盆覆蓋上保鮮膜後，基礎發酵 40 分鐘。
待麵團變成原本 1.5 ～ 2 倍大即可。

11 用食指插入發酵後麵團，並觀察孔洞不會縮回，若會縮回，須再放置 10 ～ 15 分鐘繼續發酵。

12 將麵團分成每份重約 200g 的麵團。

13 將 200g 的麵團放在桌面上，並用掌心為輔助拍打，排出空氣並滾成圓形。

14 在麵團表面噴水，中間發酵 15 ～ 20 分鐘。
因麵團筋性較強，中間發酵步驟不可省略。

15 發酵完成後，以擀麵棍將麵團擀開。

16 用指腹抓住麵團邊緣，並邊滾、往下收合，整型成橢圓形。
須仔細捏緊麵團接縫處。

17 用雙手滾動麵團兩邊，整型出尖端後，最後發酵 20 ～ 30 分鐘，至搖動烤盤時，麵團會晃動。
若室溫較冷，建議多發酵 10 分鐘。

18 在麵團表面撒上米穀粉。

19 以刀子劃上 3 ～ 4 條割線。
注意勿劃得太深。

烘烤及裝飾

20 放入預熱好的烤箱，以上火 210℃／下火 190℃，烤 15 分鐘。

21 出爐，即可食用。

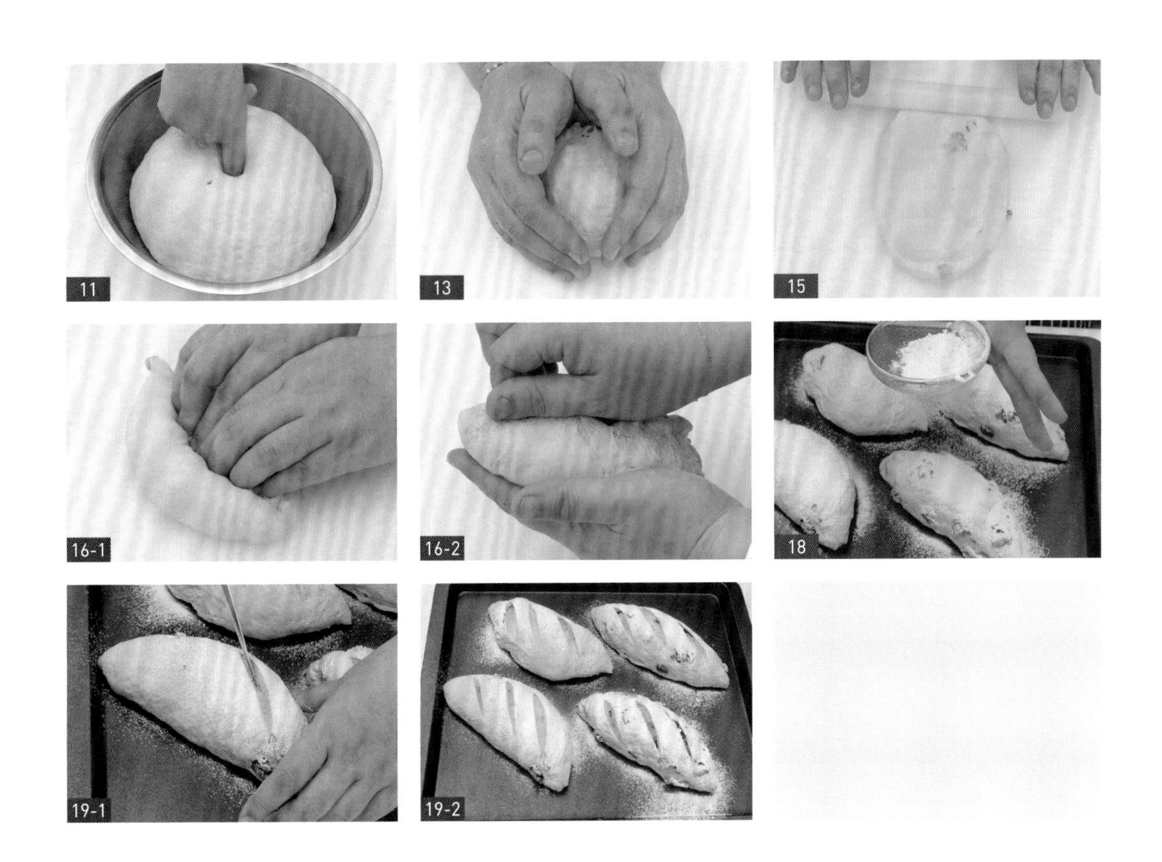

煉乳乳酪麵包

CONDENSED MILK & CHEESE BREAD

工具 TOOLS

桌上型攪拌器、電動打蛋器、鋼盆、保鮮膜、刮刀、塑膠袋、電子秤、噴霧罐、擀麵棍、烤盤、矽膠刷

煉乳乳酪麵包
製作影片 QRcode

材料 INGREDIENTS

麵團

① 強力米穀粉 355g
② 米穀粉 a 118g
③ 水 213g
④ 新鮮酵母 28g
⑤ 奶粉 a 28g
⑥ 細砂糖 a 71g
⑦ 鹽 5g
⑧ 全蛋 71g
⑨ 奶油 a 57g

內餡

⑩ 奶油乳酪 150g
⑪ 細砂糖 b 30g
⑫ 奶油 b 30g
⑬ 煉乳 a 100g
⑭ 奶粉 b 15g
⑮ 米穀粉 b 5g
⑯ 煉乳 b 90g

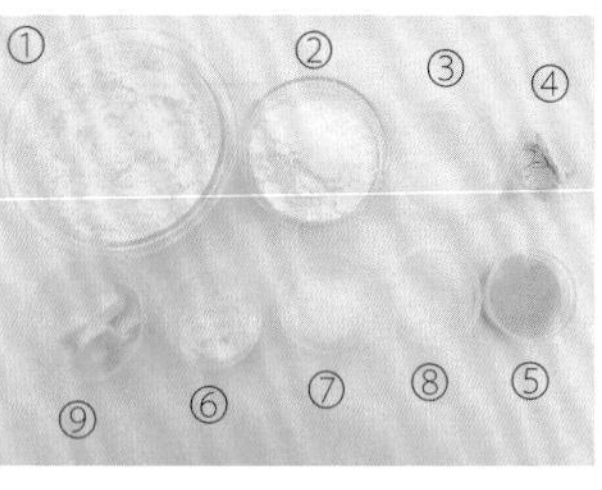

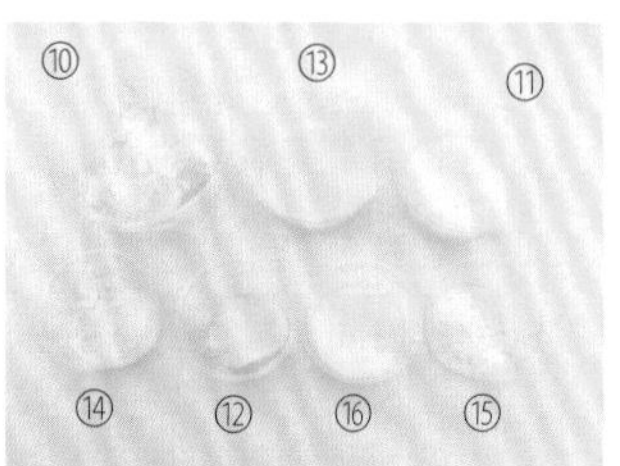

步驟說明 STEP BY STEP

前置作業

01 預熱烤箱。

02 新鮮酵母捏碎備用。

03 煉乳 b 先裝入擠花袋中，使用前再將擠花袋尖端剪一小洞口。

麵團製作

04 在桌上型攪拌器中倒入強力米穀粉、米穀粉 a、細砂糖 a、奶粉 a、鹽、新鮮酵母、全蛋、水後，以低速攪打 2 分鐘。

若使用速發酵母，份量為新鮮酵母的 1/3。

05 加入奶油 a，先以低速打 2 分鐘，再以中速打 4 分鐘。

聽到打麵團時發出「啪啪」聲，就是接近完成。

06 取一小塊麵團，檢查麵團是否可以拉出薄膜，及是否達到想要的筋性。

薄膜須具延展性，不會一拉就破。

07 將麵團放在桌面上，並用掌心為輔助拍打，排出空氣並滾成圓形。

08 將麵團放入鋼盆後，在表面噴水。

09 將鋼盆覆蓋上保鮮膜後，基礎發酵 40 分鐘。

待麵團變成原本 1.5 ～ 2 倍大即可。蓋保鮮膜避免表面結皮。

10 用食指插入發酵後麵團，並觀察孔洞不會縮回，若會縮回，須再放置 10 ～ 15 分鐘繼續發酵。

11 將麵團分成每份重約 150g 的麵團。

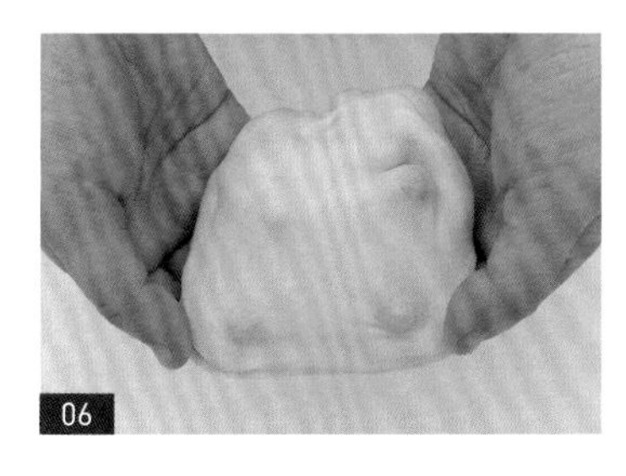
06

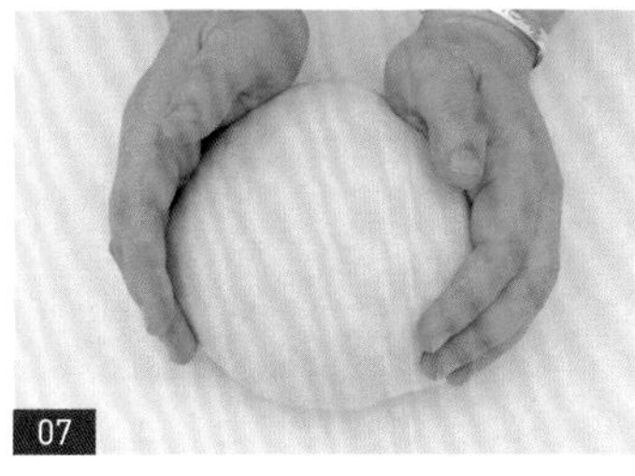
07

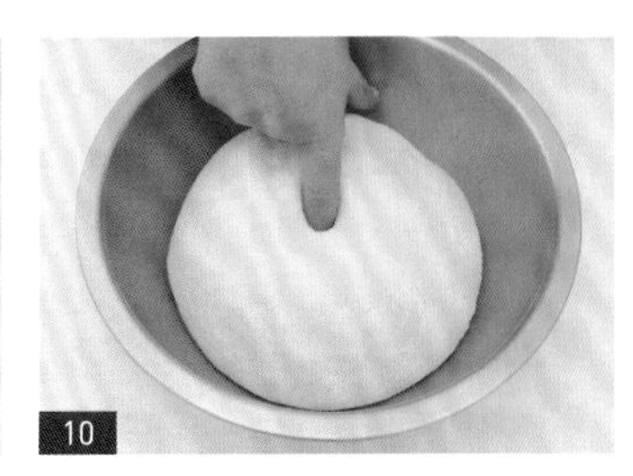
10

麵團製作

12 將150g的麵團放在桌面上，並用掌心為輔助拍打，排出空氣並滾成圓形。

13 在麵團表面噴水，中間發酵10～15分鐘。
 因麵團筋性較強，中間發酵步驟不可省略。

14 發酵完成後，以擀麵棍將麵團擀開。

15 用指腹抓住麵團邊緣，並邊滾、往下收合，整型成橢圓形。
 須仔細捏緊麵團接縫處。

16 用雙手滾動麵團兩邊，整型出尖端後，最後發酵20～30分鐘，至搖動烤盤時，麵團會晃動。
 若室溫較冷，建議多發酵10分鐘。

內餡製作

17 將奶油乳酪、奶油b、細砂糖b倒入鋼盆中，以電動打蛋器以低速打勻。

18 加入煉乳a，打勻。

19 加入奶粉b、米穀粉b，打勻，即完成內餡。

20 將內餡裝入擠花袋中，備用，使用前再剪一小洞口。

烘烤及裝飾

21 在發酵好的麵團上以刀子劃出一條長割線。
 深度約0.5公分，不用太深。

22 在麵團表面刷上蛋液。
 蛋液為配方外材料。

23 在麵包割線處擠上煉乳b。

24 放入預熱好的烤箱，以上火200℃／下火180℃，烤8分鐘。

25 出爐，在麵包割線處擠上內餡。

26 放入烤箱，以上火200℃／下火180℃，烤12分鐘。

27 出爐，即可食用。

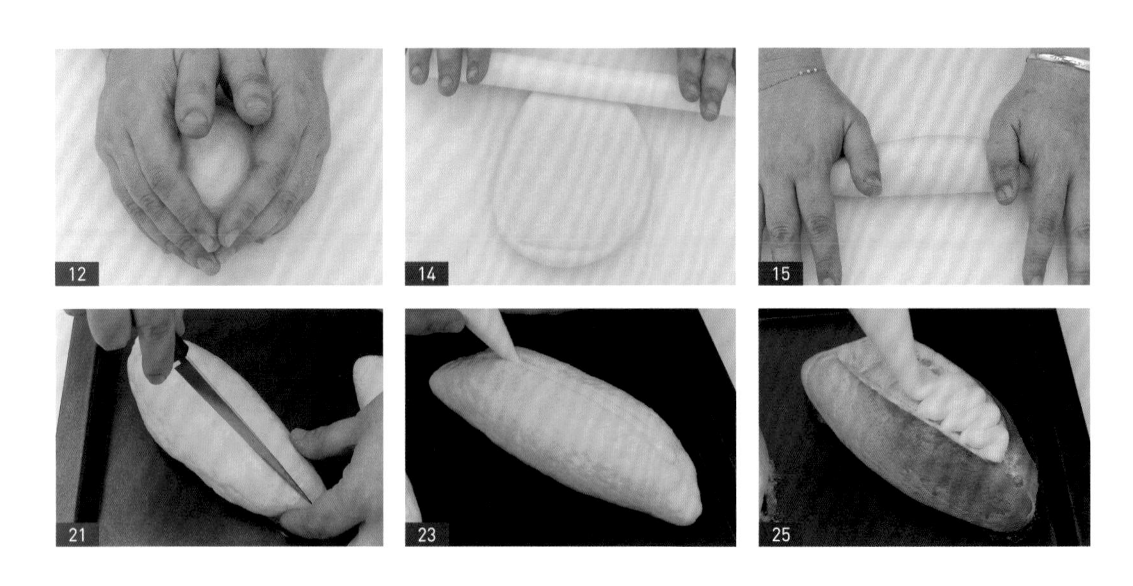

BREAD

03

-RECIPE-

南瓜麵包

PUMPKIN BREAD

工具 TOOLS

桌上型攪拌器、鋼盆、噴霧罐、保鮮膜、電子秤、刮板、烤盤、矽膠刷

材料 INGREDIENTS

① 強力米穀粉 228g
② 水 134g
③ 細砂糖 23g
④ 新鮮酵母 13g
⑤ 橄欖油 30g
⑥ 鹽 2g
⑦ 南瓜泥 46g

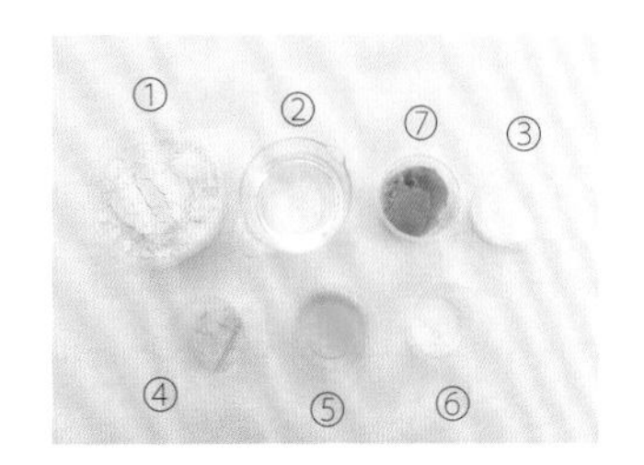

南瓜麵包
製作影片 QRcode

步驟說明 STEP BY STEP

前置作業

01 預熱烤箱。

02 新鮮酵母捏碎備用。

03 在烤盤表面均勻塗抹橄欖油。

麵團製作

04 在桌上型攪拌器中倒入強力米穀粉、新鮮酵母、鹽、細砂糖、橄欖油與水後，以低速攪打 2 分鐘。
若使用速發酵母，份量為新鮮酵母的 1/3。

05 加入南瓜泥，先以低速打 1 分鐘，再以中速打 6 分鐘。
聽到打麵團時發出「啪啪」聲，就是接近完成。

06 取一小塊麵團，檢查麵團是否可以拉出薄膜，及是否達到想要的筋性。
薄膜須具延展性，不會一拉就破。

07 將麵團放在桌面上，並用掌心為輔助，滾成圓形。

08 將麵團放入鋼盆後，在表面噴水。

09 將鋼盆覆蓋上保鮮膜後，基礎發酵 40 分鐘。
待麵團變成原本 1.5～2 倍大即可。

10 用食指插入發酵後麵團，並觀察孔洞不會縮回，若會縮回，須再放置 10 ～ 15 分鐘繼續發酵。

11 將麵團分成九等分。

12 將麵團放在桌面上，並用掌心為輔助拍打，排出空氣並滾成圓形。

13 將圓形麵團放入烤盤，在麵團表面噴水，最後發酵 20 ～ 30 分鐘。
若室溫較冷，建議多發酵 10 分鐘；因麵團筋性較強。

烘烤及裝飾

14 放入預熱好的烤箱，以上火 180℃／下火 200℃，烤 15 分鐘。

15 出爐，即可食用。

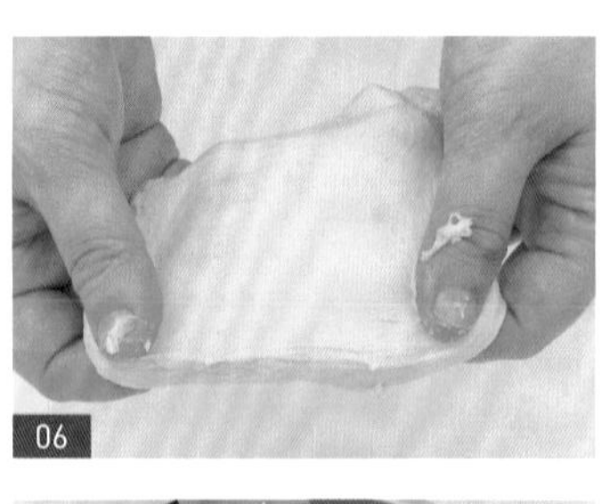
06

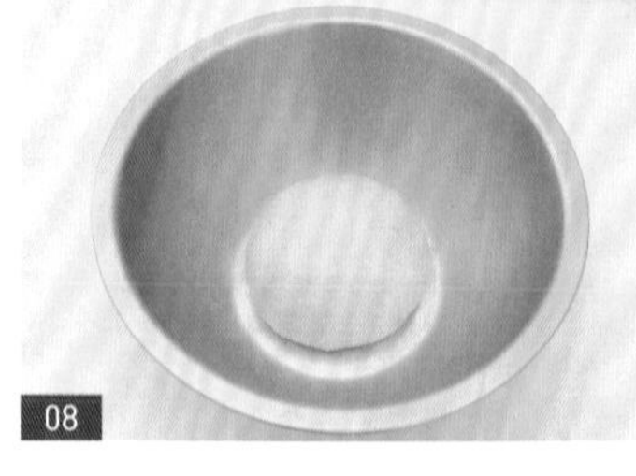
08

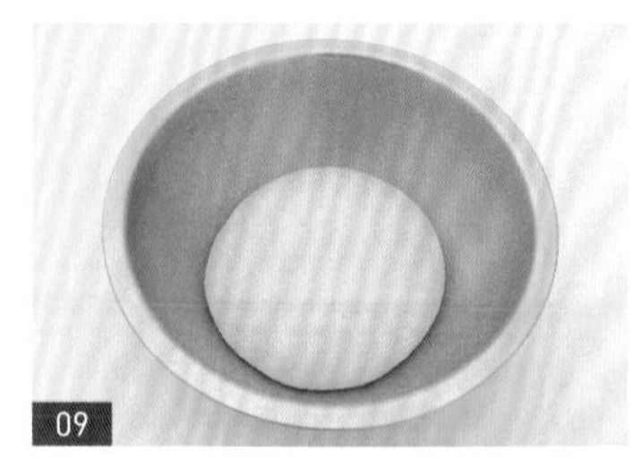
09

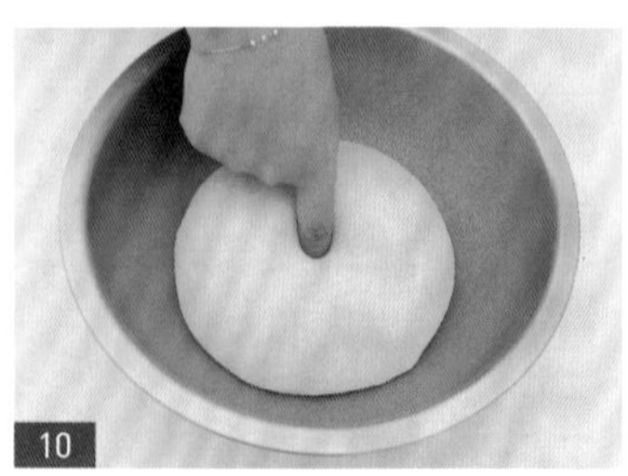
10

13-1

13-2

BREAD

04

-RECIPE-

黑糖地瓜核桃麵包

BROWN SUGAR & SWEET POTATO BREAD

材料 INGREDIENTS

麵團

① 強力米穀粉 227g
② 細砂糖 10g
③ 牛奶 103g
④ 動物性鮮奶油 31g
⑤ 酸奶 21g
⑥ 鹽 3g
⑦ 新鮮酵母 13g
⑧ 黑糖 21g
⑨ 奶油 21g
⑩ 核桃 72g

黑糖地瓜

⑪ 地瓜 100g（切丁）
⑫ 黑糖 6g
⑬ 二號砂糖 10g

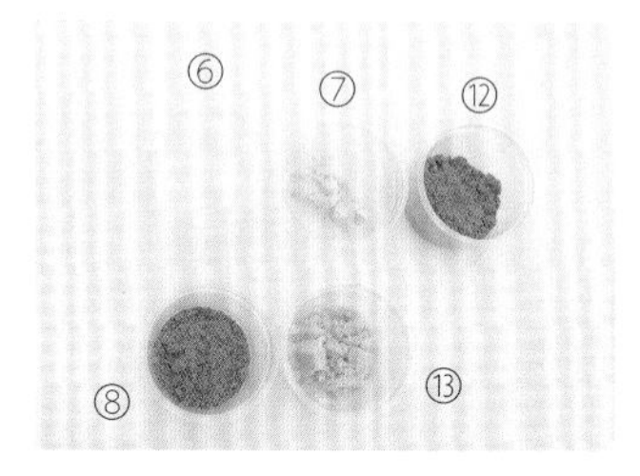

黑糖地瓜核桃麵包
製作影片 QRcode

工具 TOOLS

桌上型攪拌器、鋼盆、刮刀、噴霧罐、保鮮膜、電子秤、刮板、烤盤、蒸爐

步驟說明 STEP BY STEP

前置作業

01 預熱烤箱。

02 新鮮酵母捏碎備用。

03 將地瓜、黑糖與二號砂糖混合後，以蒸爐蒸 25 分鐘，即完成黑糖地瓜，取 41g，放涼備用。

若沒有蒸爐，也可以大火隔水蒸 25 分鐘。

麵團製作

04 在桌上型攪拌器中倒入強力米穀粉、細砂糖、鹽、黑糖、新鮮酵母、動物性鮮奶油、牛奶與酸奶，以低速攪打 2 分鐘。

若使用速發酵母，份量為新鮮酵母的 1/3。

05 加入奶油，先以低速打 2 分鐘，再以中速打 4 分鐘。

聽到打麵團時發出「啪啪」聲，就是接近完成。

麵團製作

06 取一小塊麵團，檢查麵團是否可以拉出薄膜，及是否達到想要的筋性。
- 薄膜須具延展性，不會一拉就破。

07 加入核桃，以低速拌勻。
- 若太早放入核桃，會攪拌的太碎。

08 將麵團放在桌面上，並用掌心為輔助拍打，排出空氣並滾成圓形。

09 將麵團放入鋼盆後，在表面噴水。

10 將鋼盆覆蓋上保鮮膜後，基礎發酵 40 分鐘。
- 待麵團變成原本 1.5～2 倍大即可。

11 用食指插入發酵後麵團，並觀察孔洞不會縮回，若會縮回，須再放置 10 ～ 15 分鐘繼續發酵。

12 將麵團分成每份重約 100g 的麵團。

13 將 100g 的麵團放在桌面上，並用掌心為輔助，滾成圓形。

14 在麵團表面噴水，中間發酵 5 ～ 10 分鐘。
- 因麵團筋性較強，中間發酵步驟不可省略。

15 在麵團內包入黑糖地瓜。
- 麵團底部收口須收緊，以免爆餡。

16 用掌心整型搓圓後，在麵團表面噴水，最後發酵 20 ～ 25 分鐘，至搖動烤盤時，麵團會晃動。
- 若室溫較冷，建議多發酵 10 分鐘

烘烤及裝飾

17 放入預熱好的烤箱，以上火 200℃／下火 190℃，烤 12 分鐘。

18 出爐，即可食用。

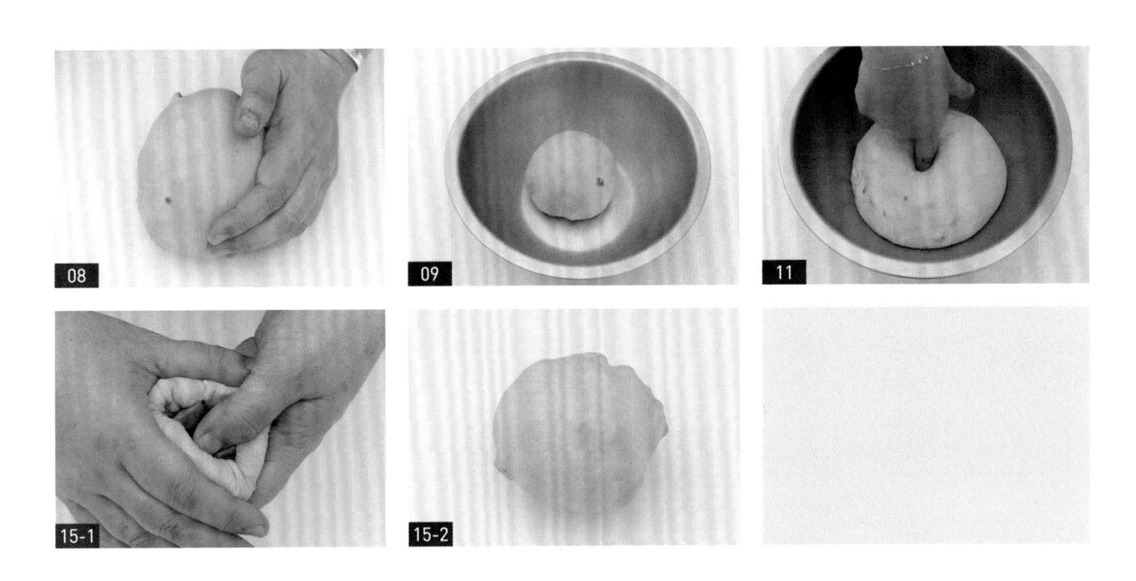

辮子麵包

BRAIDED BREAD

材料 INGREDIENTS

① 水 154g
② 強力米穀粉 308g
③ 全蛋 25g
④ 新鮮酵母 14g
⑤ 鹽 5g
⑥ 細砂糖 25g
⑦ 葡萄籽油 25g

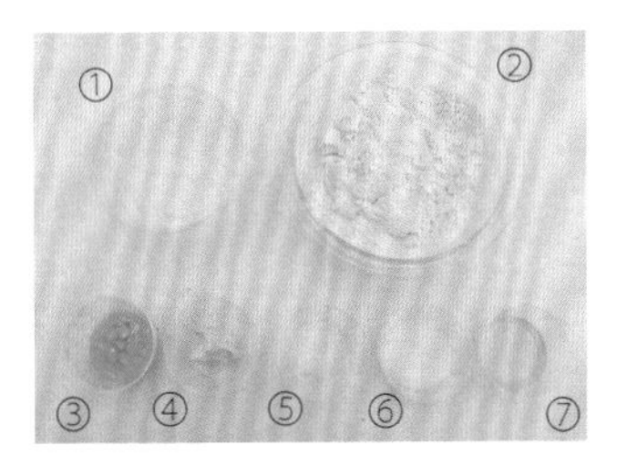

辮子麵包
製作影片 QRcode

工具 TOOLS

桌上型攪拌器、鋼盆、噴霧罐、保鮮膜、電子秤、刮板、擀麵棍、矽膠刷、烤盤

步驟說明 STEP BY STEP

前置作業

01 預熱烤箱。

02 新鮮酵母捏碎備用。

麵團製作

03 在桌上型攪拌器中倒入將強力米穀粉、細砂糖、鹽、全蛋、水、新鮮酵母、葡萄籽油，以低速攪打 2 分鐘後，再以中速打 6 分鐘。
若使用速發酵母，份量為新鮮酵母的 1/3；若聽到打麵團時發出「啪啪」聲，就是接近完成。

04 取一小塊麵團，檢查麵團是否可以拉出薄膜，及是否達到想要的筋性。
薄膜須具延展性，不會一拉就破。

05 將麵團放在桌面上，並用掌心為輔助拍打，排出空氣並滾成圓形。

06 將麵團放入鋼盆後，在表面噴水。

07 將鋼盆覆蓋上保鮮膜後，基礎發酵 30 ～ 40 分鐘。
待麵團變成原本 1.5 ～ 2 倍大即可。

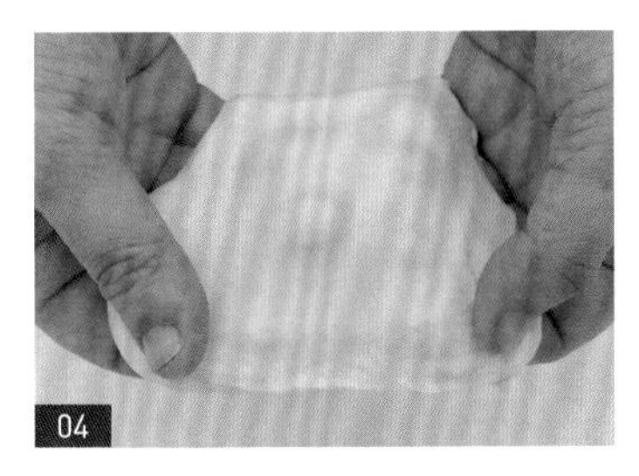
04

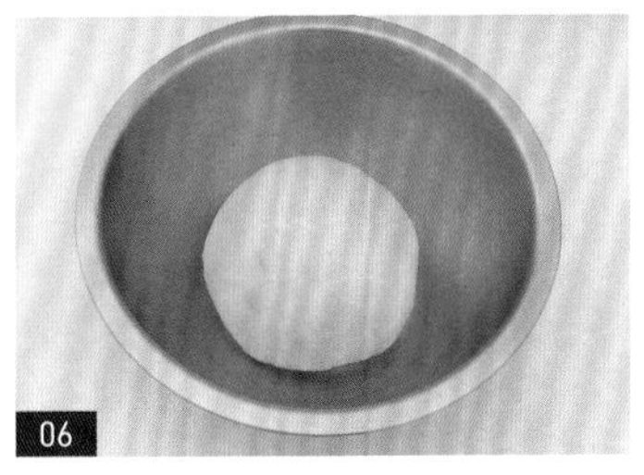
06

麵團製作

08 用食指插入發酵後麵團，並觀察孔洞不會縮回，若會縮回，須再放置 10 ～ 15 分鐘繼續發酵。

09 將麵團分成每份重約 50g 的麵團。

10 將 50g 的麵團放在桌面上，並用掌心為輔助拍打，排出空氣並滾成圓形。

11 在麵團表面噴水，中間發酵 10 分鐘。

若室溫較冷，建議發酵 15 分鐘；因麵團筋性較強，中間發酵步驟不可省略。

12 以擀麵棍將麵團擀壓成橢圓狀，鬆弛 5 分鐘。

13 將麵團進行第二次（左）擀長，長度須比第一次（右）長。

14 用指腹抓住麵團邊緣，並邊滾、往下收合，整型成橢圓形，鬆弛 5 分鐘。

15 將橢圓形麵團搓成長形麵團，鬆弛 5 分鐘。

16 將長形麵團搓成長條形麵團。

17 將五條長條形麵團一端捏合後，開始編織辮子狀。

編辮子麵包方法可參考 P.23。

18 將辮子狀麵團置於烤盤上後，在表面噴水，靜置 20 ～ 30 分鐘進行發酵，再於表面均勻塗抹蛋液。

蛋液為配方外的材料。

烘烤及裝飾

19 放入預熱好的烤箱，以上火 180℃／下火 160℃，烤 20 分鐘。

20 出爐，即可食用。

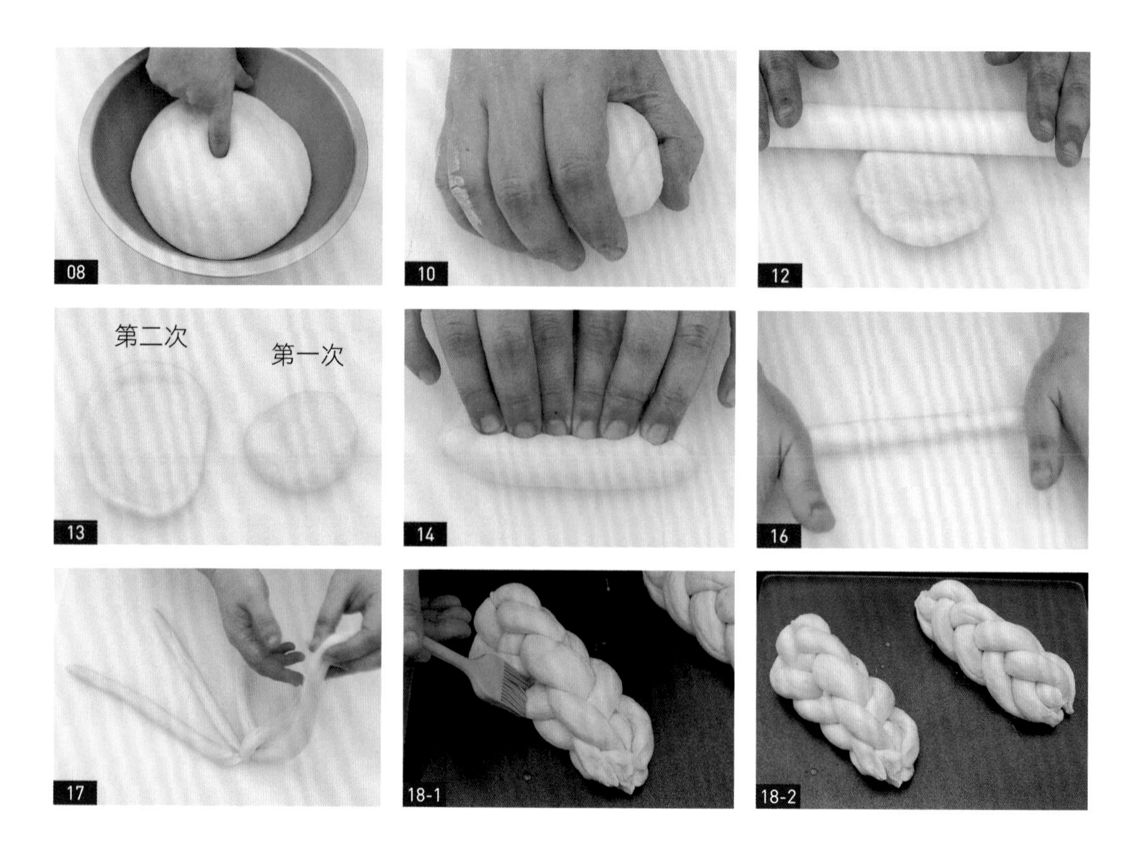

CHAPTER 08

點心

DESSERT

DESSERT
01
RECIPE

果醬小西餅
JAM COOKIE

工具 TOOLS

瓦斯爐、厚底單柄鍋、電動打蛋器、鋼盆、刮刀、#21 花嘴、擠花袋、剪刀、烤盤、刮板

材料 INGREDIENTS

麵糊

① 奶油 70g（軟化）
② 糖粉 39g
③ 全蛋 30g（常溫）
④ 米穀粉 88g

草莓果醬

⑤ 草莓 200g
⑥ 二號砂糖 80g

果醬小西餅
製作影片 QRcode

步驟說明 STEP BY STEP

前置作業

01 預熱烤箱。

02 將花嘴放入擠花袋中備用。

03 將米穀粉過篩；奶油預先回溫軟化。

草莓果醬製作

04 將草莓與二號砂糖倒入厚底單柄鍋中。

05 以刮刀拌勻，煮至水分收乾，放涼備用，即完成草莓果醬。

麵糊製作

06 將奶油與糖粉倒入鋼盆中，取電動打電器以高速打發至變白。

奶油打發作法可參考 P.78。
不要打太發，成品的紋路才會明顯。

07 加入全蛋，取電動打電器以高速打勻。

蛋液要分次倒入，與奶油充分融合再倒下一次。

08 加入已過篩的米穀粉，取電動打電器以高速打勻，即完成麵糊製作。

烘烤及裝飾

09 以刮刀為輔助，將麵糊放入擠花袋中。

10 以刮板為輔助，將麵糊推至擠花袋前端。

11 將麵糊擠入烤盤中。

建議中間有凹槽，以利果醬放入。

12 放入預熱好的烤箱，以上火 220℃／下火 180℃，先烤約 8 分鐘。

13 以刮刀為輔助，將草莓果醬倒入擠花袋中，並以剪刀剪一小洞口。

14 將烤盤取出。

15 將草莓果醬擠在餅乾中間凹槽處。

16 再放入烤箱烤 2 分鐘。

17 出爐後，放涼，即可食用。

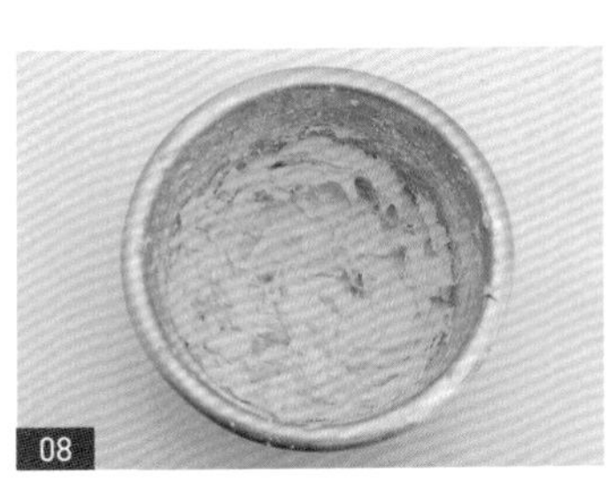
08

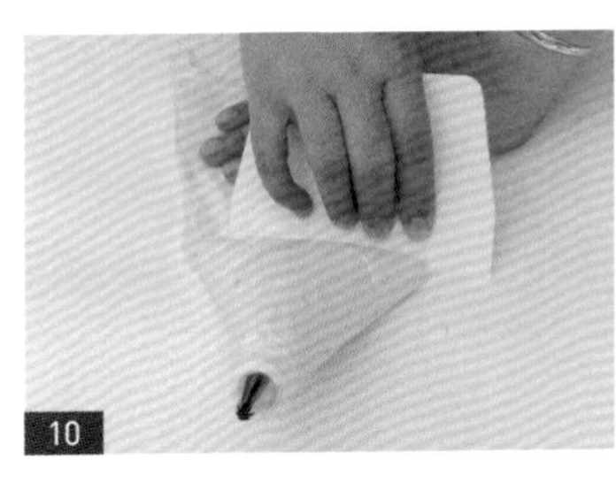
10

11-1

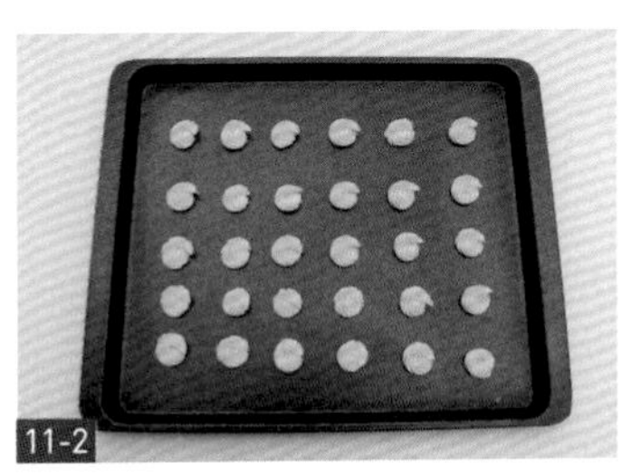
11-2

15

17

DESSERT

02

-RECIPE-

蔓越莓小西餅

CRANBERRY COOKIE

蔓越莓小西餅
製作影片 QRcode

工具 TOOLS

刮板、烘焙紙、長尺、烘焙布、烤盤、刀子、篩網

材料 INGREDIENTS

麵團

① 米穀粉 94g
② 杏仁粉 11g
③ 奶粉 9g
④ 全蛋 19g
⑤ 二號砂糖 42g
⑥ 奶油 57g（軟化）

酒漬蔓越莓乾

⑦ 蔓越莓乾 30g
⑧ 蘭姆酒 5g

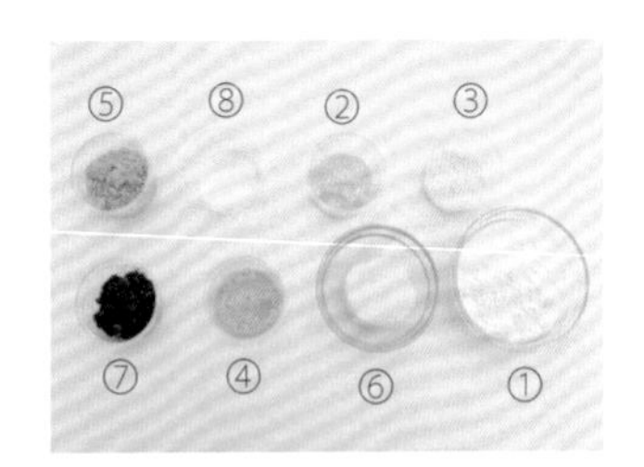

步驟說明 STEP BY STEP

前置作業

01 預熱烤箱。

02 在烤盤上放入烘焙布。

03 奶油預先回溫軟化。

04 將蘭姆酒與蔓越莓乾混合後，浸泡至少 30 分鐘，即完成酒漬蔓越梅乾。

麵團製作

05 將米穀粉、杏仁粉與奶粉過篩後，在工作檯面上築粉牆。

06 在粉牆中間倒入全蛋、二號砂糖與奶油。

07 以刮板拌合成團。

08 加入酒漬蔓越莓乾，以刮板拌合成團，即完成麵團製作。

烘烤

09 在桌上及麵團上撒上些許手粉（米穀粉），用手將麵團整型，呈條狀，長度約至 22cm。

撒上手粉（米穀粉），較不易沾黏。麵團整型前，可先摔打麵團，以排出多餘空氣。

10 以烘焙紙包覆麵團。

包覆麵團時，可以長尺輔助。

11 放入冰箱，冷凍定型，約 30 分鐘。

12 待麵團變硬後，取出，以刀子切出每片約 1 ～ 1.5cm 厚度的麵團。

13 將切片的麵團放置在烤盤上。

14 放入預熱好的烤箱，以上火 190℃／下火 170℃，烤約 18 分鐘。

15 取出後，放涼，即可食用。

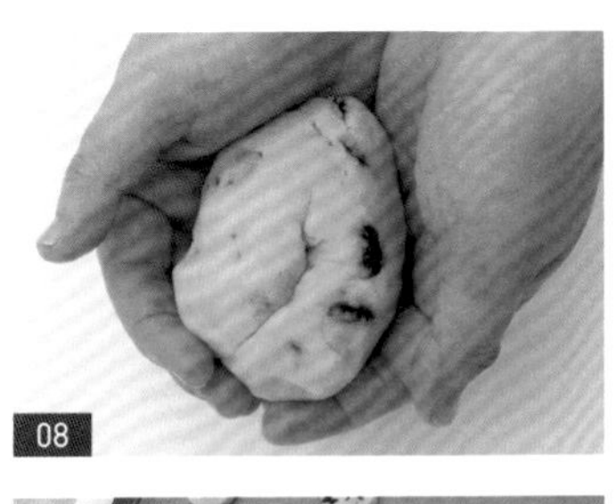
08

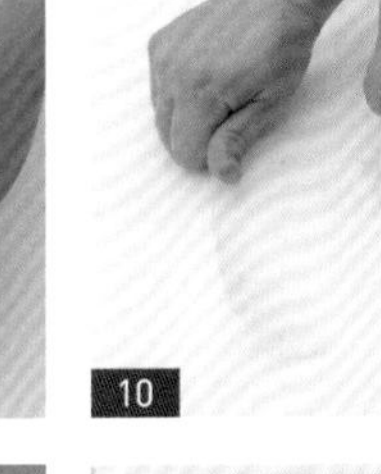
10

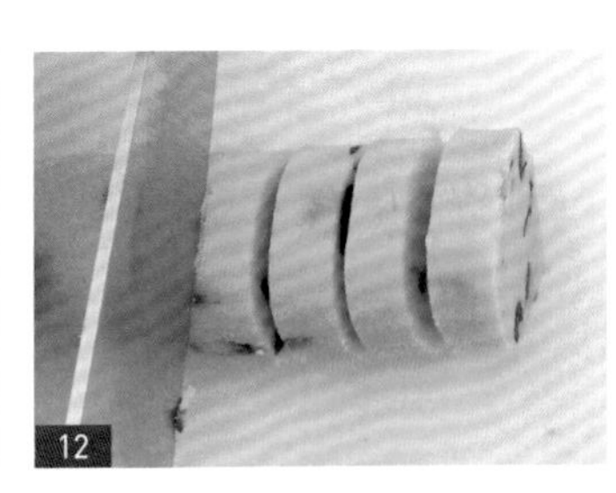
12

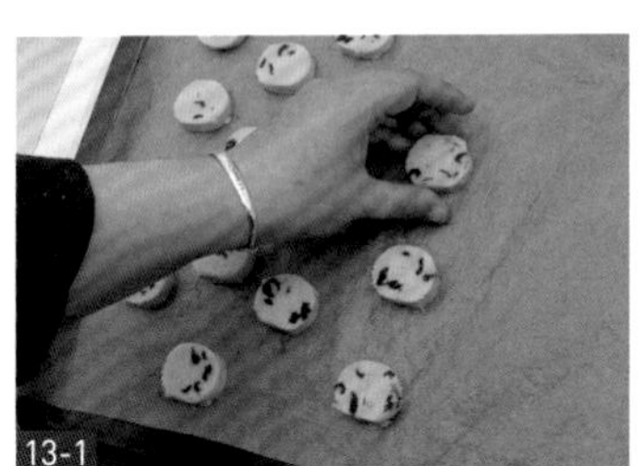
13-1

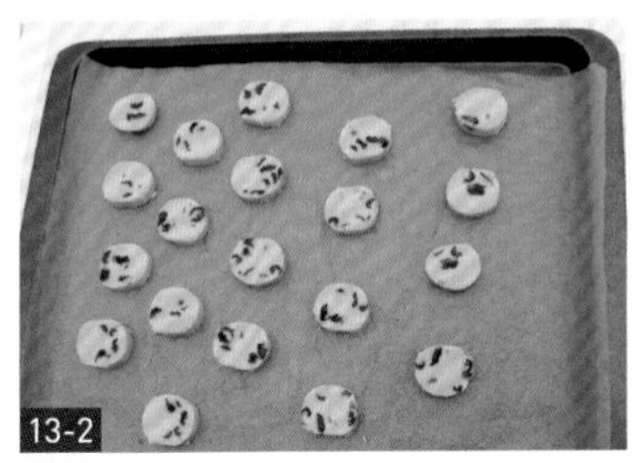
13-2

15

DESSERT
03
-RECIPE-

咖啡核桃餅乾

COFFEE & WALNUT COOKIE

工具 TOOLS

刮板、保鮮膜、長尺、烘焙布、烤盤、刀子、篩網

材料 INGREDIENTS

① 糖粉 37g
② 即溶咖啡粉 5g
③ 米穀粉 93g
④ 杏仁粉 21g
⑤ 奶粉 6g
⑥ 鹽 1g
⑦ 全蛋 33g
⑧ 奶油 70g（軟化）
⑨ 核桃 25g

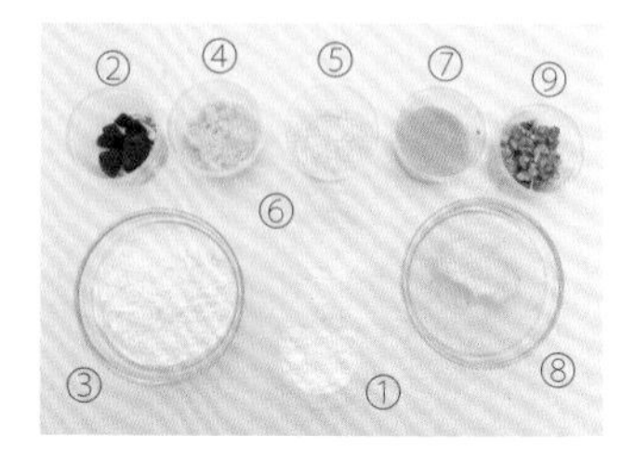

咖啡核桃餅乾
製作影片 QRcode

步驟說明 STEP BY STEP

前置作業

01 預熱烤箱。

02 在烤盤上放入烘焙布。

03 奶油預先回溫軟化。

麵團製作

04 將米穀粉、糖粉、即溶咖啡粉、奶粉與杏仁粉過篩後，在工作檯面上築粉牆。

05 在粉牆中間倒入鹽、全蛋與奶油，以刮板拌合成團。

06 加入核桃，以刮板拌合成團，即完成麵團製作。

烘烤

07 在工作檯面上及麵團上撒上些許手粉（米穀粉），以刮板為輔助，用手將麵團整型，呈條狀。
撒上手粉（米穀粉），較不易沾黏。

08 以保鮮膜包覆麵團。

09 放入冰箱，冷凍定型，約 30 ～ 60 分鐘。

10 待麵團變硬後，取出，以刀子切出每片約 1 ～ 1.5cm 厚度的麵團。

11 將切片的麵團放置在烤盤上。

12 放入預熱好的烤箱，以上火 190℃／下火 170℃，烤約 18 分鐘。

13 取出後，放涼，即可食用。

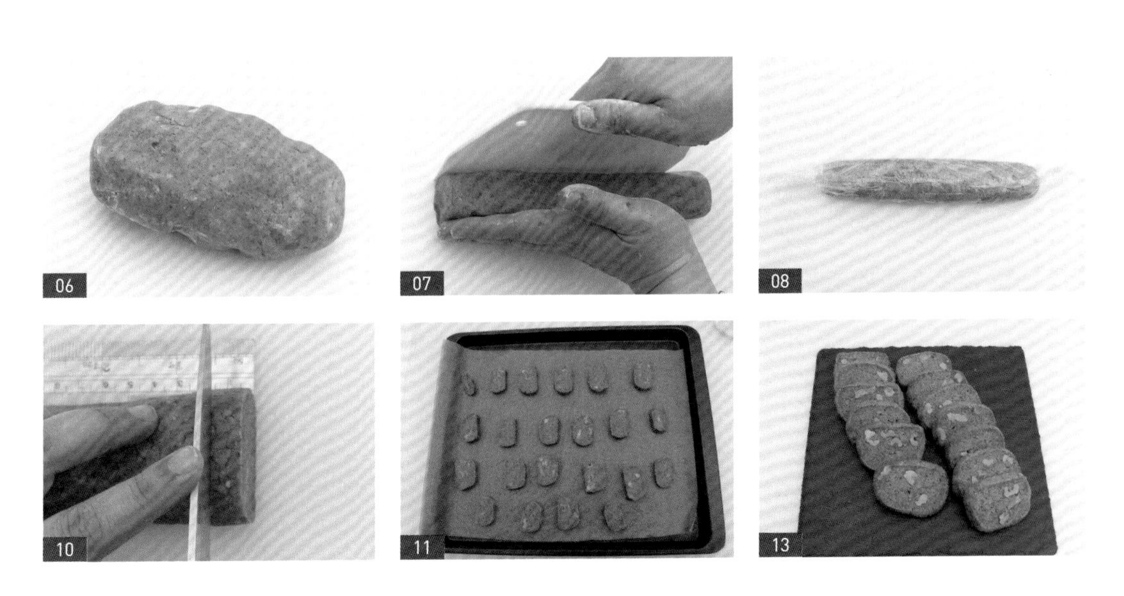

DESSERT

04

-RECIPE-

芝麻脆餅

SESAME COOKIE

工具 TOOLS

刮板、烘焙紙、長尺、烘焙布、烤盤、刀子、篩網

材料 INGREDIENTS

① 米穀粉 89g
② 杏仁粉 18g
③ 二號砂糖 20g
④ 黑糖 16g
⑤ 全蛋 31g
⑥ 奶油 67g（軟化）
⑦ 黑芝麻 16g
⑧ 白芝麻 16g

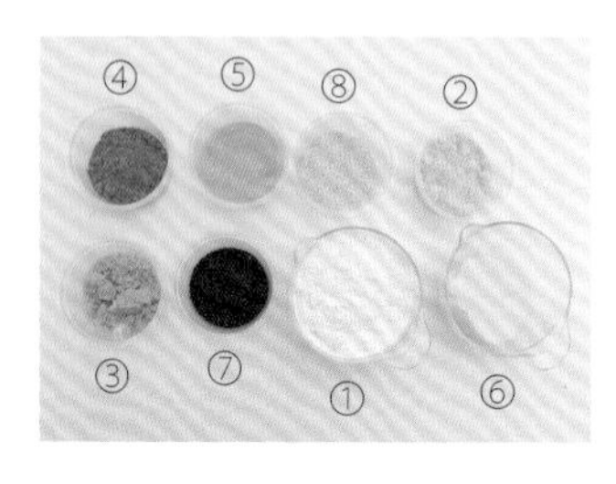

芝麻脆餅
製作影片 QRcode

步驟說明 STEP BY STEP

前置作業

01 預熱烤箱。

02 在烤盤上放入烘焙布。

03 奶油預先回溫軟化。

04 將黑、白芝麻混合。

麵團製作

05 將米穀粉與杏仁粉過篩後，在工作檯面上築粉牆。

06 在粉牆中間倒入二號砂糖、黑糖、全蛋與奶油。

07 以刮板拌合成團。

08 加入黑芝麻、白芝麻，以刮板拌合成團，即完成麵團製作。

烘烤

09 在工作檯面上及麵團上撒上些許手粉（米穀粉），用手將麵團整型，呈條狀，長度約至 20cm。

撒上手粉（米穀粉），較不易沾黏。

10 以烘焙紙包覆麵團。

包覆麵團時，可以長尺輔助。

11 放入冰箱，冷凍定型，約 30 ～ 60 分鐘。

12 待麵團變硬後，取出，以刀子切出每片約 1 ～ 1.5cm 厚度的麵團。

13 將切片的麵團放置在烤盤上。

14 放入預熱好的烤箱，以上火 190℃／下火 170℃，烤約 19 分鐘。

15 取出後，放涼，即可食用。

08

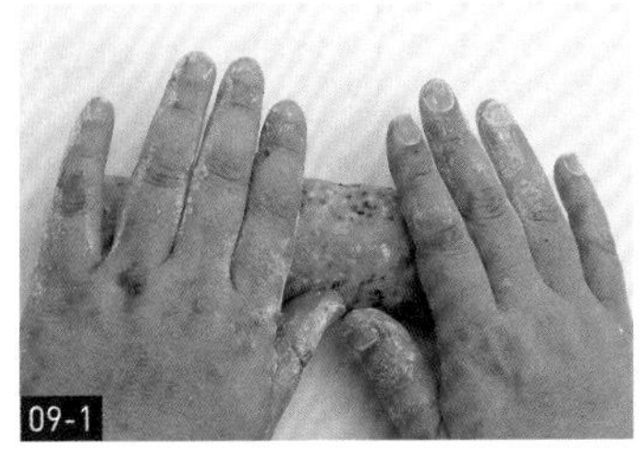
09-1

09-2

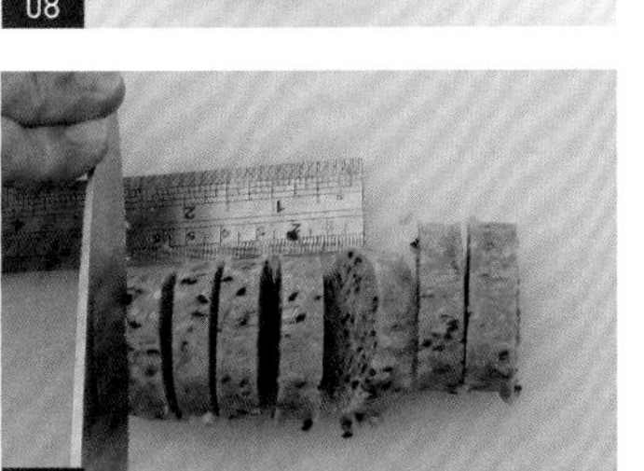
12

13

15

DESSERT

05

-RECIPE-

巧克力螺旋餅

SPIRAL-CHOCOLATE COOKIE

材料 INGREDIENTS

原味麵團

① 糖粉 47g
② 米穀粉 a 94g
③ 杏仁粉 a 19g
④ 奶粉 5g
⑤ 奶油 a 66g（軟化）
⑥ 全蛋 a 33g

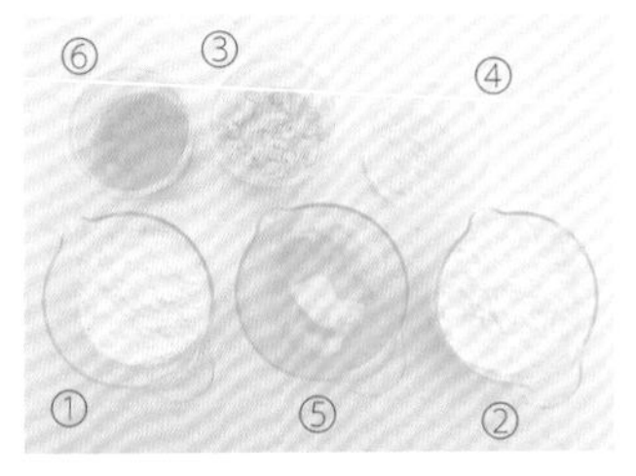

巧克力螺旋餅
製作影片 QRcode

巧克力麵團

⑦ 米穀粉 b 97g
⑧ 杏仁粉 b 19g
⑨ 可可粉 5g
⑩ 細砂糖 39g
⑪ 奶油 b 68g（軟化）
⑫ 全蛋 b 34g

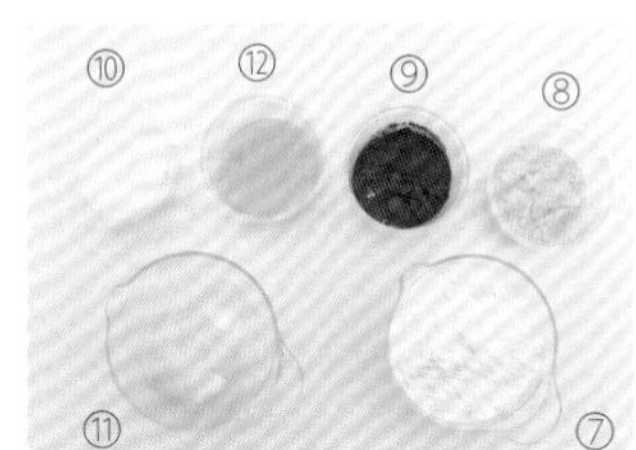

工具 TOOLS

刮板、擀麵棍、長尺、烘焙布、烤盤、刀子、篩網

步驟說明 STEP BY STEP

前置作業

01 預熱烤箱。

02 在烤盤上放入烘焙布。

03 奶油預先回溫軟化。

原味麵團製作

04 將糖粉、米穀粉 a、杏仁粉 a 與奶粉過篩後，在工作檯面上築粉牆。

05 在粉牆中間倒入全蛋 a 與奶油 a。

06 以刮板拌合成團。

07 將麵團放入烘焙布中，並以擀麵棍將麵團擀平，即完成原味麵團。
麵團厚度約 0.5 公分。

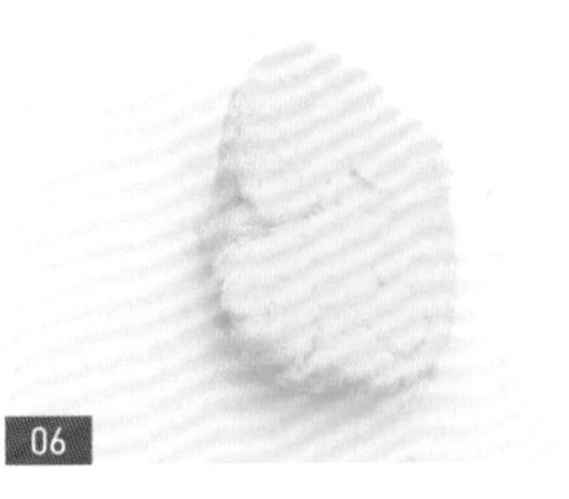

06

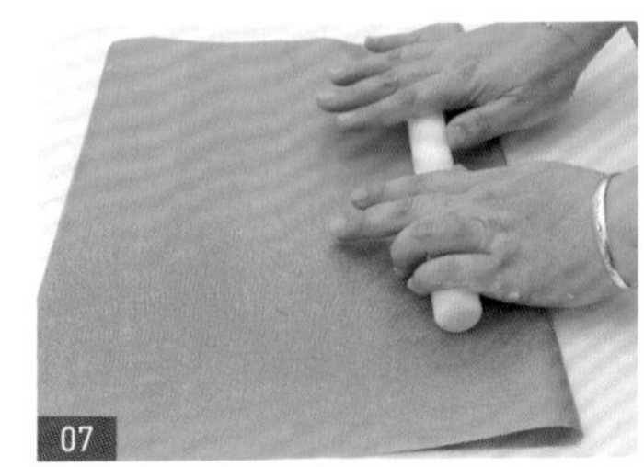

07

巧克力麵團製作

08 將米穀粉 b、杏仁粉 b 與可可粉過篩後，在工作檯面上築粉牆。

09 在粉牆中間倒入細砂糖、全蛋 b 與奶油 b。

10 以刮板拌合成團。

11 將麵團放入烘焙布中，並以擀麵棍將麵團擀平，即完成巧克力麵團。
麵團厚度約 0.5 公分，且大小要和原味麵團差不多。

組合及烘烤

12 將巧克力麵團與原味麵團上下重疊擺放，為餅乾主體。

13 以烘焙布為輔助，將餅乾主體捲起，呈條狀。

14 放入冰箱，冷凍定型，約 30 ～ 60 分鐘。

15 待餅乾主體變硬後，取出，以刀子切出每片約 1 ～ 1.5cm 厚度的麵團。

16 將切片的餅乾麵團放置在烤盤上。

17 放入預熱好的烤箱，以上火 190℃／下火 170℃，烤約 18 分鐘。

18 取出後，放涼，即可食用。

DESSERT

06

-RECIPE-

香蕉巧克力馬芬

BANANA & CHOCOLATE MUFFINS

材料 INGREDIENTS

麵糊

① 奶油 a 100g（軟化）
② 二號砂糖 82g
③ 全蛋 65g（常溫）
④ 蛋黃 17g（常溫）
⑤ 米穀粉 a 100g
⑥ 泡打粉 6g
⑦ 杏仁粉 a 20g
⑧ 動物性鮮奶油 a 20g

甘納許

⑨ 動物性鮮奶油 b 30g
⑩ 黑巧克力 30g

酥菠蘿

⑪ 奶油 b 35g（軟化）
⑫ 米穀粉 b 35g
⑬ 杏仁粉 b 30g
⑭ 細砂糖 35g
⑮ 可可粉 8g

內餡

⑯ 香蕉 1 根

香蕉巧克力馬芬
製作影片 QRcode

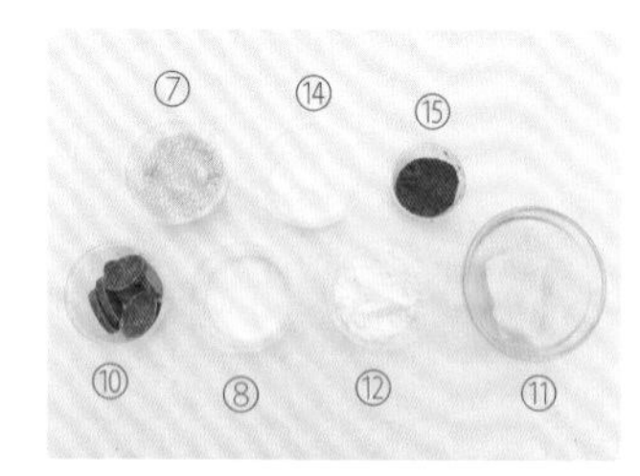

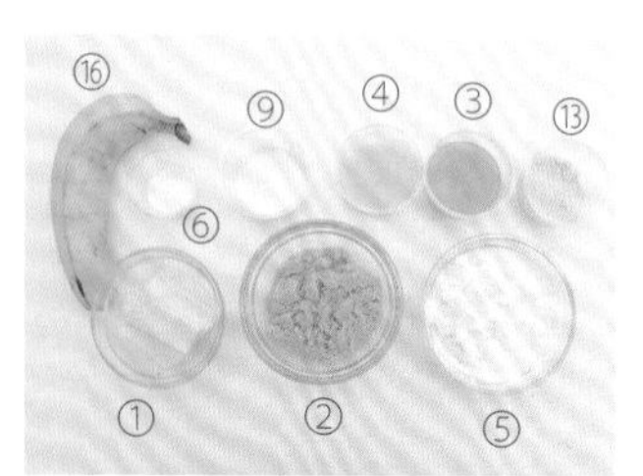

工具 TOOLS

馬芬烤盤、打蛋器、鋼盆、刮刀、水果刀、擠花袋、剪刀、油力士蛋糕紙、湯匙、鐵盤、篩網、微波爐

步驟說明 STEP BY STEP

前置作業

01 預熱烤箱。

02 過篩米穀粉 a、泡打粉與杏仁粉 a。

03 奶油預先回溫軟化。

04 在馬芬烤盤上放入油力士蛋糕紙。

甘納許製作

05 將黑巧克力與動物性鮮奶油 b 混合。

06 以微波爐加熱約 20 ～ 30 秒，以刮刀拌勻，放涼備用，即完成甘納許。

若巧克力仍是固體的狀態，可再次加熱，直至巧克力融化，但不可過度加熱，以免巧克力燒焦，或造成油水分離。

酥菠蘿製作

07 將奶油 b、細砂糖、杏仁粉 b、米穀粉 b 與可可粉倒入鋼盆中。

08 用手拌勻，直到呈沙粒狀，即完成酥菠蘿。

麵糊製作

09 將奶油 a 與二號砂糖倒入鋼盆中，以打蛋器拌勻，拌到乳霜狀即可，不要過度打發。

可以刮刀將打蛋器中的奶油刮下。

10 先將全蛋和蛋黃混合在同一碗中，並將米穀粉 a、泡打粉和杏仁粉 a 混合在另一碗中。

11 以蛋液、粉類交替的順序分次倒入鋼盆中，拌勻。

須預留少許粉類不倒入。

12 在鋼盆中加入動物性鮮奶油 a，拌勻。

13 倒入步驟 10 預留的少許粉類，拌勻，即完成麵糊製作。

組合及烘烤

14 將香蕉剝皮並切成 6 等分。

15 以刮刀為輔助，將麵糊倒入擠花袋中，並以剪刀在尖端剪一小洞口。

16 將麵糊擠入馬芬烤盤中。

17 將香蕉塊鋪在麵糊上方。

18 以湯匙將甘納許鋪在香蕉塊上方。

19 在甘納許上方鋪上酥菠蘿。

20 放入預熱好的烤箱，以上火 170℃／下火 180℃，烤約 22 ～ 25 分鐘。

可插入竹籤判斷是否烤熟，若麵糊無沾黏即可。

21 放涼後，脫模，即可食用。

DESSERT
07
RECIPE

培根黑橄欖馬芬
BACON & OLIVE MUFFINS

工具 TOOLS

馬芬烤盤、鋼盆、打蛋器、擠花袋、剪刀、油力士蛋糕紙、刮刀、竹籤

材料 INGREDIENTS

麵糊

① 全蛋 120g
② 葡萄籽油 70g
③ 牛奶 105g
④ 鹽 3g
⑤ 細砂糖 20g
⑥ 泡打粉 8g
⑦ 培根2條（切碎）
⑧ 帕瑪森乳酪絲 40g
⑨ 洋蔥半顆（切片）
⑩ 米穀粉 200g

裝飾

⑪ 墨西哥辣椒少許
⑫ 黑橄欖 12～14 個（切 1/3 塊）

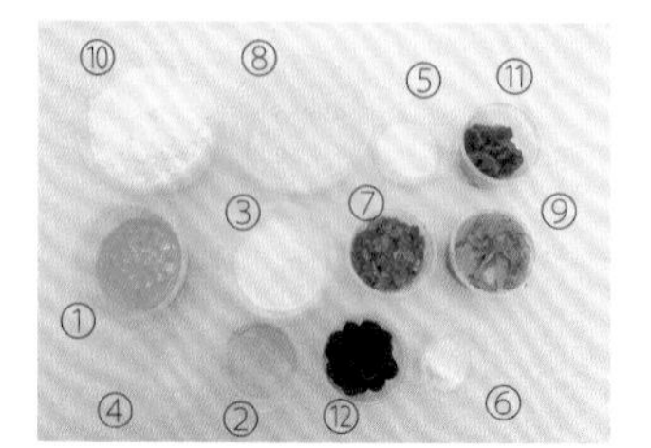

培根黑橄欖馬芬
製作影片 QRcode

步驟說明 STEP BY STEP

前置作業

01 預熱烤箱。

02 在烤盤上放入油力士蛋糕紙。

03 將米穀粉與泡打粉過篩。

04 分別預先將洋蔥片炒熟，培根碎粒炒香。

麵糊製作

05 將全蛋、葡萄籽油、牛奶、鹽、細砂糖、泡打粉與米穀粉倒入鋼盆中，以打蛋器拌勻。
須攪拌至顆粒不見。

06 加入帕瑪森乳酪絲，拌勻。

07 加入培根碎粒，拌勻。

08 加入洋蔥片拌勻，即完成麵糊製作。

組合及烘烤

09 以刮刀為輔助，將麵糊倒入擠花袋中，並以剪刀在尖端剪一小洞口。

10 將麵糊擠入馬芬烤盤中。

11 將墨西哥辣椒鋪在麵糊上方。

12 將黑橄欖鋪在麵糊上方。

13 放入預熱好的烤箱，以上火 190℃／下火 190℃，烤約 22 ～ 25 分鐘。
可插入竹籤判斷是否烤熟，若麵糊無沾黏即可。

14 放涼後，脫模，即可食用。

08

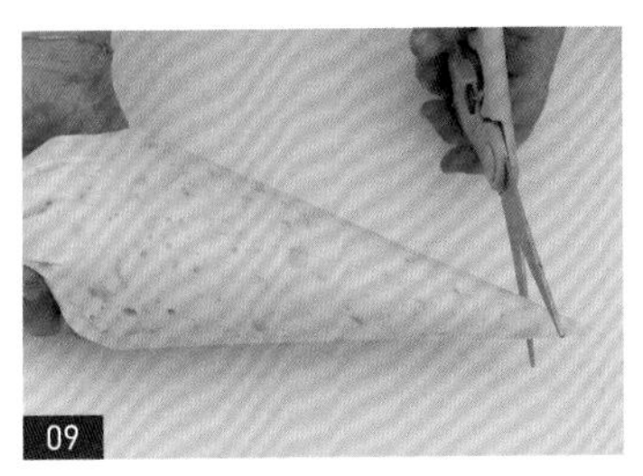
09

12-1

12-2

14

DESSERT
08
-RECIPE-

奶酥蘋果肉桂馬芬

CINNAMON & APPLE MUFFINS

材料 INGREDIENTS

麵糊

① 奶油 a 75g（軟化）
② 二號砂糖 a 50g
③ 鹽 1g
④ 全蛋 62g（常溫）
⑤ 蛋黃 12g（常溫）
⑥ 米穀粉 a 100g
⑦ 杏仁粉 a 20g
⑧ 泡打粉 8g
⑨ 白蘭地 a 10g

蘋果醬

⑩ 蘋果 2 顆（切丁）
⑪ 奶油 b 50g（軟化）
⑫ 細砂糖 60g
⑬ 蜂蜜 5g
⑭ 白蘭地 b 10g

酥菠蘿

⑮ 奶油 c 35g（軟化）
⑯ 二號砂糖 b 20g
⑰ 杏仁粉 b 20g
⑱ 米穀粉 b 35g
⑲ 肉桂粉 1 ～ 2g

奶酥蘋果肉桂馬芬
製作影片 QRcode

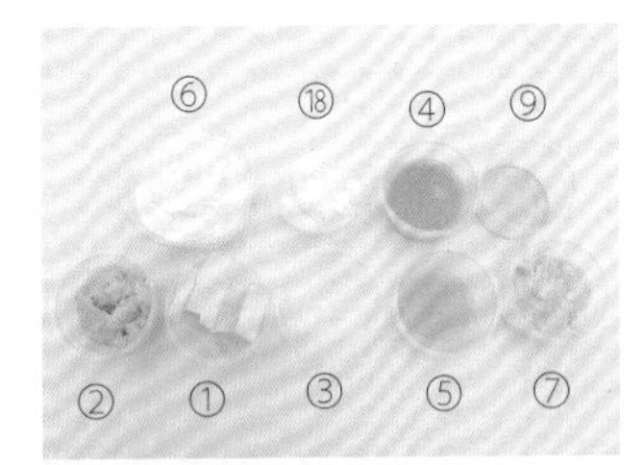

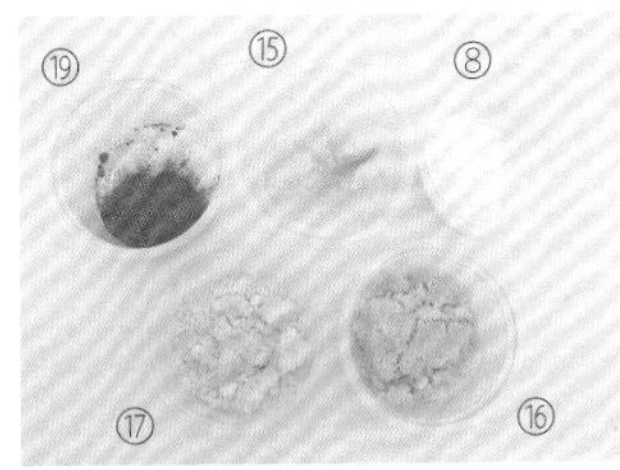

工具 TOOLS

馬芬烤盤、瓦斯爐、厚底單柄鍋、電動打蛋器、鋼盆、刮刀、油力士蛋糕紙、鐵盤、擠花袋、剪刀、湯匙、篩網、竹籤

步驟說明 STEP BY STEP

前置作業

01 預熱烤箱。

02 將泡打粉、杏仁粉 a 與米穀粉 a 過篩。

03 將蘋果切丁備用。

04 在馬芬烤盤上放入油力士蛋糕紙。

05 奶油放至軟化，如圖上按壓程度。

蘋果醬製作

06 將蘋果、細砂糖、奶油 b 與蜂蜜倒入厚底單柄鍋。

07 以刮刀將蘋果翻炒熟至透明狀。

要持續攪拌，以免燒焦。

08 倒入白蘭地 b，拌勻後，即完成蘋果醬，放涼，備用。

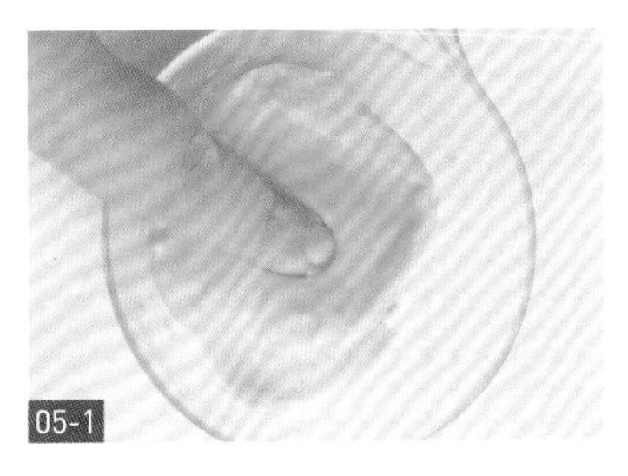

05-1

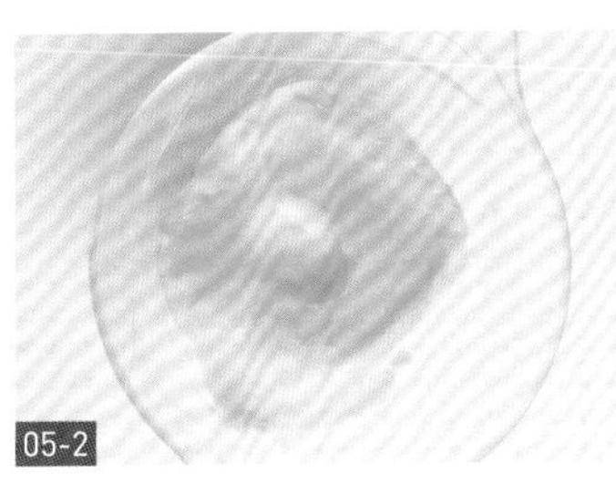

05-2

08

酥菠蘿製作

09 將奶油c、二號砂糖b、杏仁粉b、米穀粉b與肉桂粉倒入鋼盆中。

10 用手拌勻，直到呈沙粒狀，即完成酥菠蘿。

麵糊製作

11 將奶油a、鹽與二號砂糖a倒入鋼盆，取電動打蛋器以低速打勻。
可以打蛋器取代電動打蛋器。

12 加入蛋黃、全蛋，取電動打蛋器以低速打勻。

13 加入杏仁粉a、米穀粉a與泡打粉，取電動打蛋器以低速打勻。

14 加入白蘭地a，取電動打蛋器以低速打勻，即完成麵糊製作。
均以低速打勻，不用打發。

組合及烘烤

15 以刮刀為輔助，將麵糊倒入擠花袋中，並以剪刀在尖端剪一小洞口。

16 將麵糊擠入馬芬烤盤中。

17 以湯匙將蘋果醬鋪在麵糊上方。

18 在蘋果醬上方鋪上酥菠蘿。

19 放入預熱好的烤箱，以上火200℃／下火190℃，烤約22～25分鐘。
可插入竹籤判斷是否烤熟，若麵糊無沾黏即可。

20 放涼後，脫模，即可食用。

DESSERT

09

-RECIPE-

洋蔥墨魚乳酪馬芬

ONION & CUTTLEFISH-JUICE MUFFINS

材料 INGREDIENTS

麵糊

① 全蛋 160g
② 葡萄籽油 60g
③ 鹽 3g
④ 細砂糖 35g
⑤ 泡打粉 10g
⑥ 牛奶 80g
⑦ 米穀粉 200g
⑧ 墨魚汁 8g
⑨ 高熔點乳酪丁 130g

裝飾

⑩ 洋蔥半顆（切片）
⑪ 披薩乳酪絲適量

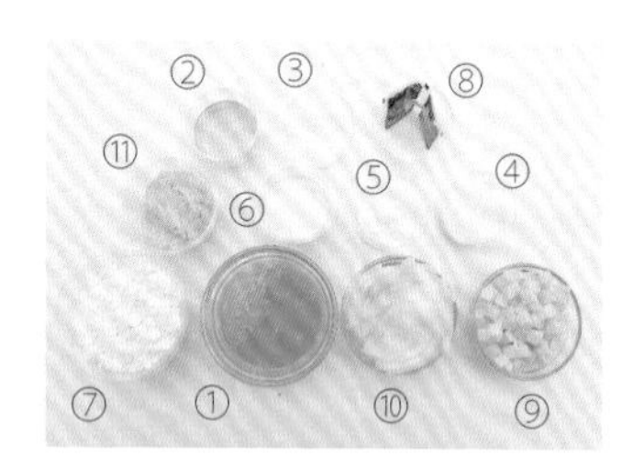

洋蔥墨魚乳酪馬芬
製作影片 QRcode

工具 TOOLS

馬芬烤盤、瓦斯爐、平底鍋、打蛋器、鋼盆、刮刀、玻璃碗、擠花袋、剪刀、油力士蛋糕紙、竹籤

步驟說明 STEP BY STEP

前置作業

01 預熱烤箱。

02 在烤盤上放入油力士蛋糕紙。

03 以刮刀將洋蔥片炒熟至淺咖啡色備用。
可加入些許油、鹽提味，此調味的油、鹽為配方外的材料。

麵糊製作

04 將全蛋、葡萄籽油倒入鋼盆中，以打蛋器拌勻。

05 加入鹽、細砂糖拌勻。

06 加入泡打粉、牛奶拌勻。

07 加入米穀粉拌勻。
須攪拌至顆粒不見。

08 加入墨魚汁拌勻。

09 加入高熔點乳酪丁拌勻，即完成麵糊製作。

組合及烘烤

10 以刮刀為輔助，將麵糊倒入擠花袋中，並以剪刀在尖端剪一小洞口。
開口大小要以能夠擠得出乳酪丁為主。

11 將麵糊擠入馬芬烤盤中。

12 將洋蔥片鋪在麵糊上方。

13 在洋蔥片上方鋪上披薩乳酪絲。

14 放入預熱好的烤箱，以上火 170℃／下火 180℃，烤約 22 ～ 25 分鐘。
可插入竹籤判斷是否烤熟，若麵糊無沾黏即可。

15 放涼後，脫模，即可食用。

DESSERT

10

-RECIPE-

抹茶蔓越莓鬆餅

MATCHA & CRANBERRY WAFFLE

抹茶蔓越莓鬆餅
製作影片 QRcode

工具 TOOLS

鋼盆、刮刀、紅外線溫度計、湯匙、鬆餅機、篩網

材料 INGREDIENTS

① 牛奶 50g
② 新鮮酵母 6g
③ 奶油 40g（軟化）
④ 蛋黃 10g
⑤ 細砂糖 20g
⑥ 鹽 1g
⑦ 米穀粉 40g
⑧ 強力米穀粉 46g（若無強力米穀粉，可直接用一般米穀粉或一般米穀粉內添加 17% 小麥蛋白。）
⑨ 抹茶粉 4g
⑩ 蔓越莓乾 30g

步驟說明 STEP BY STEP

前置作業

01 預熱鬆餅機。

02 將米穀粉、強力米穀粉和抹茶粉過篩。

03 新鮮酵母捏碎備用。

麵糊製作

04 將牛奶加熱至 35℃，倒入新鮮酵母中，並以湯匙拌勻，備用。

- 若使用速發酵母，份量為新鮮酵母的 1/3。
- 約 5 ~ 10 分鐘，待酵母活化。

05 將奶油、鹽與細砂糖倒入鋼盆中，以刮刀拌勻。

06 加入蛋黃，拌勻。

07 加入米穀粉與強力米穀粉，拌勻。

08 將抹茶粉過篩後，加入鋼盆中，拌勻。

09 加入混合後的牛奶、新鮮酵母，拌勻。

10 加入蔓越莓乾，拌勻，即完成麵糊製作。

- 靜置 5 分鐘再烤。

烘烤

11 將麵糊放入鬆餅機中烘烤。

- 將麵糊分成每個約重約 40g 的麵糊。

12 取出後，放涼，即可食用。

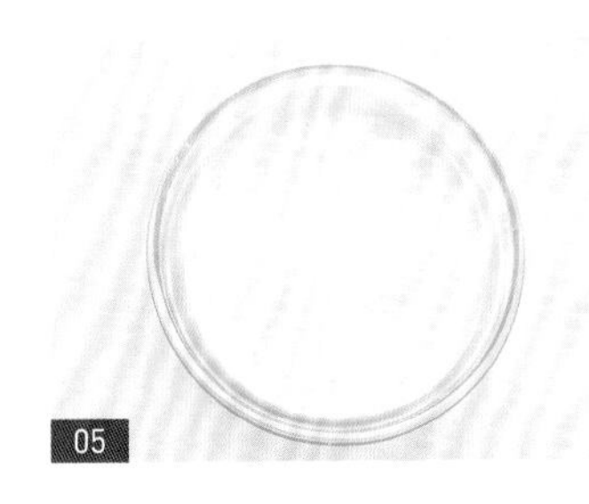
05

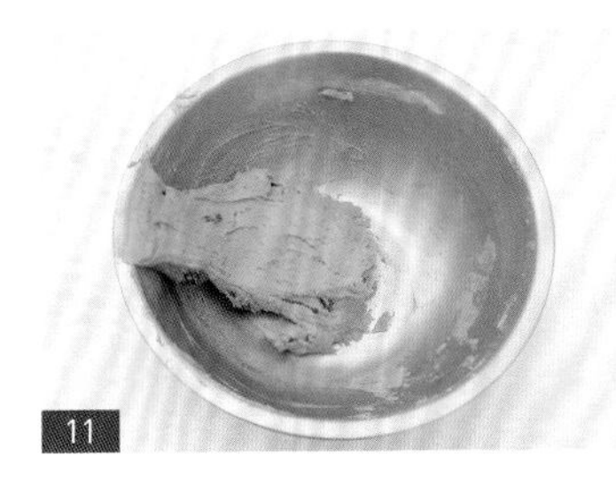
11

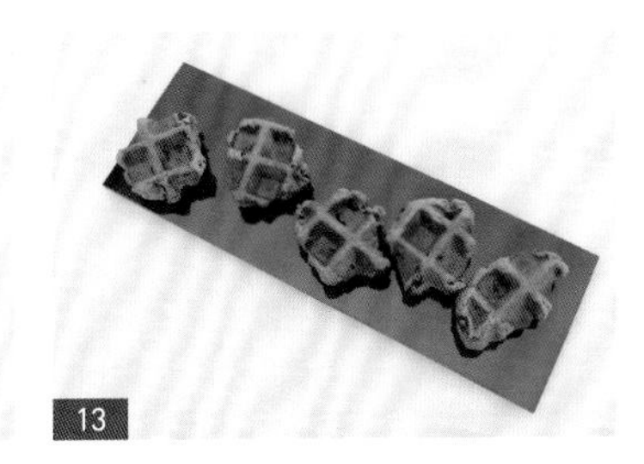
13

DESSERT
11
-RECIPE-

巧克力藍莓小鬆餅

CHOCOLATE & BLUEBERRY WAFFLE

巧克力藍莓小鬆餅
製作影片 QRcode

工具 TOOLS

鋼盆、刮刀、鬆餅機、篩網、紅外線溫度計

材料 INGREDIENTS

① 牛奶 30g
② 新鮮酵母 6g
③ 奶油 40g（軟化）
④ 鹽 1g
⑤ 細砂糖 20g
⑥ 全蛋 25g
⑦ 米穀粉 80g
⑧ 可可粉 8g
⑨ 藍莓乾 30g

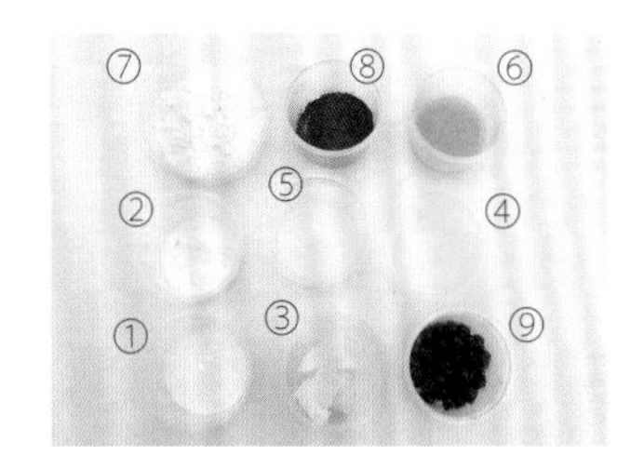

步驟說明 STEP BY STEP

前置作業

01 預熱鬆餅機。

02 將米穀粉與可可粉過篩。

03 新鮮酵母捏碎備用。

麵糊製作

04 將牛奶加熱至 35℃，倒入新鮮酵母中，備用。
若使用速發酵母，份量為新鮮酵母的 1/3。
約 5 ～ 10 分鐘，待酵母活化。

05 將奶油、鹽與細砂糖倒入鋼盆中，以刮刀拌勻。

06 加入全蛋，拌勻。

07 加入米穀粉、可可粉，拌勻。

08 加入混合後的牛奶、新鮮酵母，拌勻。

09 加入藍莓乾，拌勻，即完成麵糊製作。
靜置 5 分鐘再烤。

烘烤

10 將麵糊放入鬆餅機中烘烤。
將麵糊分成每個約重約 40g 的麵糊。

11 取出後，放涼，即可食用。

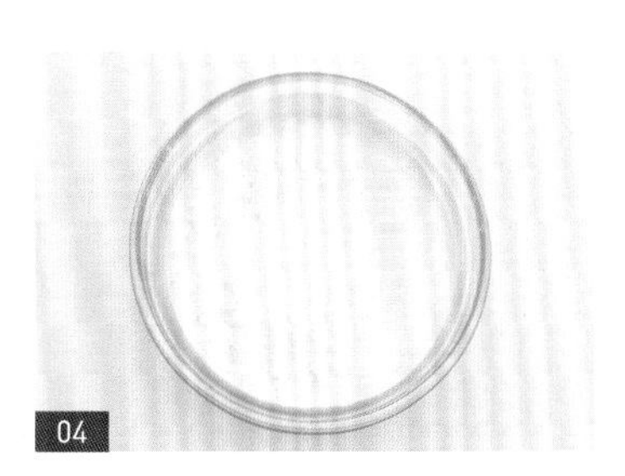
04

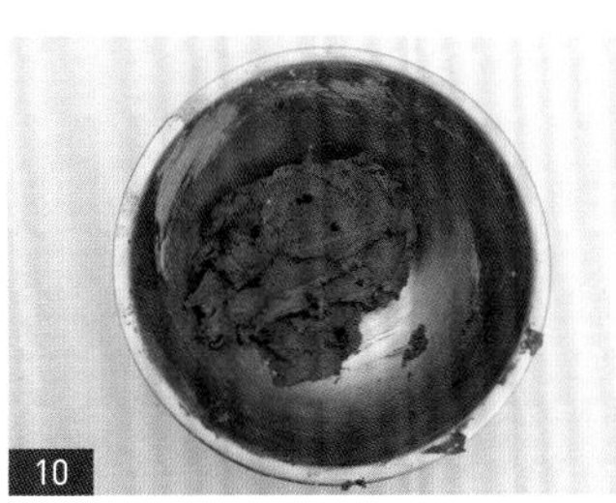
10

12

Rice Baking
米烘焙

書　　名　米烘培
作　　者　徐秀瑜
發 行 人　程安琪
總 策 劃　程顯灝
總 企 劃　盧美娜
主　　編　譽緻國際美學企業社・莊旻嬑
助理文編　譽緻國際美學企業社・許雅容、陳文婷、余佩蓉
美　　編　譽緻國際美學企業社・羅光宇
攝 影 師　吳曜宇

藝文空間　三友藝文複合空間
地　　址　106 台北市安和路 2 段 213 號 9 樓
電　　話　（02）2377-1163

發 行 部　侯莉莉
出 版 者　橘子文化事業有限公司
總 代 理　三友圖書有限公司
地　　址　106 台北市安和路 2 段 213 號 4 樓
電　　話　（02）2377-4155
傳　　真　（02）2377-4355
E-mail　service @sanyau.com.tw
郵政劃撥　05844889 三友圖書有限公司

總 經 銷　大和書報圖書股份有限公司
地　　址　新北市新莊區五工五路 2 號
電　　話　（02）8990-2588
傳　　真　（02）2299-7900

初　版　2020 年 05 月
定　價　新臺幣 480 元
ISBN　978-986-364-157-5（平裝）

國家圖書館出版品預行編目（CIP）資料

米烘培 / 徐秀瑜著. -- 初版. -- 臺北市 : 橘子文化,
2020.05
面； 公分
ISBN 978-986-364-157-5(平裝)

1.點心食譜

427.16　　109001623

三友官網

三友 Line@